はじめてでも作れる

おしゃれな手作り
ボタニカルキャンドル＆サシェ

著者　平山りえ

大泉書店

はじめに

ボタニカルとは、「植物の」という意味で、化粧品や服の柄、インテリアなど、様々な分野で広がりを見せています。

本書で紹介するボタニカルワックスサシェは、ワックスに香りをつけて固めた、火も電気も使わないエコでおしゃれな芳香剤です。シンプルなものが主流ですが、私は、もっと遊び心や作る楽しみを感じられるようにしたくて、好奇心を書き出しました。
お花のシャンパンみたいなキャンドルがあったら……
キャンドルが花びらのドレスで出来ていたら……
サシェにも模様が作れたら……
そうしていると不思議なことに、ボタニカルキャンドルでも定番の枠を超えた、新しいテクニックを思いつくのです。
そうやって小さな冒険を積み重ねて、この本の作品たちが生まれました。

初めてワックスに触れる方はもちろん、今までにないグレードアップした作品を作ってみたいという方まで、この1冊があればボタニカル作品づくりをもっと楽しんでいただけると思います。

あなたの気持ちを花に託し、手作りする楽しみを味わってください。

平山りえ

Contents

01
さわやかグラスゼリー
キャンドル

02
小花のデザート
キャンドル

03
ミモザの花冠
キャンドル

04
ナチュラル
ソイキャンドル

05
シャンパン
キャンドル

06
花びらのドレスの
ロールキャンドル

07
ドレッシーな
ツイストキャンドル

08
紫陽花のランタン風
キャンドル

09
シルバーデイジーの
ゴージャスキャンドル

10
フレンチマリアンヌの
ランタン

11
ハートの小窓の
ハーバリウム風キャンドル

12
花びらいっぱい
ホイップキャンドル

Chapter 1

キャンドル＆サシェ作りの
テクニック

Candle and Sachet makin techniques

本編に入る前に、ワックス・芯・香料・着色料につ
いて知っておきましょう。材料についての知識が豊
富であるほど、作るプロセスが理解しやすいものに
なります。
また、基本となる工程や、よく使う技法についても
詳しく載せています。ベーシックテクニックを学び
ながらステップを進めていくことで、簡単な作品が
できあがるようになっていますので、ぜひここから
チャレンジしてみてください。

<table>
<tbody></tbody>
</table>

ワックスと添加材について

本書で使用するワックスと添加材の特徴をまとめました。ここを押さえておくことで、作りたい作品に必要なワックスや添加材の配合が理解しやすくなります。

ワックス

キャンドルの主材料ともいえるワックスは、大きく分けて石油から作られる「石油系ワックス」と、植物性や動物性の素材を原料とする「天然素材系ワックス」の2種類があります。各ワックスと添加材の ⎡融点⎤ と **ここがポイント!** の項目は要チェックです。

石油系

融点が低いものは油分が多くて柔らかく、融点の高いものはその逆の性質をもちます。デザイン性の高いキャンドルやサシェを作るための基本となるワックスです。

■ パラフィンワックス

⎡融点⎤ 47 〜 69℃（本書では、融点58℃と69℃のものを使用）

キャンドル作りでは定番のワックスです。パラフィンワックスだけでは気泡やひび割れが入るため、通常は添加材とともに使います。ブレンドすることで性質を変化させることができる、非常にクリエイティブなワックスです。低融点のものは柔らかく、形成加工ができます。高融点のものは、炎の熱で変形しにくいキャンドルを作るために使います。

ここがポイント!

原材料	石油
ブレンド	単体またはほかのワックスや添加材とブレンドして使う
特徴	キャンドルメイキングの代表的なワックス

■ ゼリーワックス（ジェルワックス）

⎡融点⎤ 72℃〜 115℃（本書では、融点72℃と115℃のものを使用）

弾力と透明感のあるゼリー状のワックスです。融点の低いものは表面に油分が多く、ゼリーのような柔らかさ。一方、融点の高いものはベタつきがなく、グミのような弾力があるのが特徴です。同じ条件下で作ったキャンドルでは、パラフィンワックスに比べて、炎の大きさは3分の1ほどに小さくなります。染料をたくさん入れすぎたり、ほかのワックスが混入したりすると透明感が失われます。

ここがポイント!

原材料	石油
ブレンド	単独で使う（ブレンドしない）
特徴	無色透明でゼリーのような質感

■ パルバックス

⎡融点⎤ 66℃

樹脂を含む特殊ワックスの一種で、溶かすとトロトロした水あめのような性質になります。燃焼用には使うことができませんが、熱による変形や衝撃に耐えられる強度をもつため、おもにランタンを作るときに使います。また、パルバックスは少量の混入でもほかのワックスの性質を変えてしまうので、誤って混ぜないように注意が必要です。本書では、溶かすと水あめのようになる性質を生かし、サシェの上に垂らして水玉模様を作るデザインで使っています。

ここがポイント!

原材料	石油
ブレンド	単独で使う（ブレンドしない）
特徴	樹脂を含むため、強度がある

天然素材系

動物性や植物性の原料から得られる天然のワックスは、炭素の含有量が少ないため、煤が出にくい性質があります。独特の優しい風合いや香りをもち、エコなイメージから非常に人気の高いワックスです。

■ ソイワックス

(融点) 50 ～ 57℃

クリーミーなワックスで、バニラのような香りを放ちながら、ゆっくりと燃焼します。融点の低いものは容器を使うデザイン向き。一方、モールド（p.21）で作るような、ワックスだけで自立させるデザインの作品には、融点の高いものを使います。基本的には単独で使いますが、融点の高いものの代用として、低融点のソイワックスにパラフィンワックスを 30 ～ 40％ブレンドすることもできます。

ここがポイント！

原材料	大豆
ブレンド	基本的に単独。硬さを出すためにパラフィンワックスとブレンドすることもある
特徴	白くマットな質感でクリーミー

■ パームワックス

(融点) 57℃

ヤシの葉から摂った脂肪酸の一種です。固まる際、キラキラとした結晶模様を作ります。ほかのワックスとブレンドすると、このキラキラ模様が出にくくなるため、単独で使用します。容器に注ぐことしかできないものや、型に流せるものなど、タイプは様々です。添加材のステアリン酸（p.10）と同じ形状なので、混同しないように注意しましょう。

ここがポイント！

原材料	ヤシ
ブレンド	単独で使う（ブレンドしない）
特徴	固まるとキラキラした結晶模様を作る

■ ミツロウ

(融点) 62℃

ミツを採ったあとのミツバチの巣から抽出したもので、高価なワックスです。精製したものは、白色でほのかに甘い香りがするのに対し、未精製のものは濃い黄色で独特の香りがあります。ミツロウは脱臭効果があるといわれ、サシェ作りに向いています。熱いうちは粘度が増すので、手で柔らかなニュアンスをつけることができます。写真は本書で使っている精製ミツロウです。

ここがポイント！

原材料	ミツバチの分泌物
ブレンド	単独またはパラフィンワックスとブレンドして使う
特徴	粘着性があり、柔らかい表現ができる

ワックスや添加材をブレンドして作る場合の分量表記について

作品の作り方ページでは、ワックスや添加材をブレンドする場合、総重量（g）に対してそれぞれのワックスを、分量（g）と比率（％）で表記しています。本書と異なるサイズの作品を作りたい場合には、この比率（％）を使って、総重量（g）からそれぞれのワックスの分量（g）を計算することができるようになっています（ブレンドの計量のしかたは、p.10「ワックス・添加材のブレンドのしかた」参照）。

［例］ パラフィンワックス（171g）（95％） ＋ ステアリン酸 （9 g）（5％）……**180 g**
　　　　　　　　　　（分量）　（比率）　　　　　　　　　（分量）（比率）　　　（総重量）

添加材

パラフィンワックスにブレンドすることによって、その性質を変化させます。工程に必要な配合を知ることで、キャンドルメイキングはもっとスムーズになります。

ステアリン酸

融点 57℃

パラフィンワックスとのブレンド率は基本的に 5%。気泡を消し去り、表面をなめらかにするほか、型離れをよくするためにブレンドします。また、パラフィンワックスを硬い性質にするのも特徴。単独でも使用でき、その場合は仏壇などで使われるような硬くて白いキャンドルに仕上がります。

ここがポイント！

原材料	牛脂
ブレンド	パラフィンワックスに添加して使う（単独の使用も可）
特徴	パラフィンワックスに添加することで表面をなめらかにする。硬度が増す

マイクロスタイリンワックス ソフト

融点 78℃

パラフィンワックスに 5%配合することによって、気泡を消し去り、表面をなめらかにします。粘土のように柔らかい性質のため、デザインに合わせて配合率を 10〜20%に増やすことにより、自由な造形が可能になります。単独であれば、その粘着力を生かし、細かいデコレーションにも使われます。

ここがポイント！

原材料	石油
ブレンド	パラフィンワックスに添加して使う（単独の使用も可）
特徴	パラフィンワックスに添加することで表面をなめらかにする。柔軟性が出る

ワックス・添加材のブレンドのしかた

ワックスや添加材をブレンドするときは、量が少ないほうや融点が高いほうを先に量り入れます。ホーローのビーカーや鍋に直接入れながら量って OK です。

▼全体量 200g でパラフィンワックス（95%）とステアリン酸（5%）を配合する場合

→

ビーカーをはかりに置き、0g に合わせたら、ステアリン酸を 10g 入れる（200g × 0.05 ＝ 10g）。

はかりを 0g に戻さずに、そのまま 200g（全体量）になるまでパラフィンワックスを入れる。

Memo

ワックスの必要量がわからないときは……

使いたいモールド（p.21）に必要なワックスの分量がわからないときは、一度モールドに水を入れてみましょう。その水の重さが、必要なワックスの分量の目安になります。

ワックス・添加材の膨張と収縮について

パラフィンワックスを主体とするブレンドワックスは、固まると中央に大きな穴が開き、くぼみができます。これはワックスが熱することで一度膨張し、再び凝固するときに元の体積に戻る（収縮する）からです。これは高い温度で注いだときや、背の高いモールド（p.21）を使ったときにはっきり見られます。収縮が大きい場合には、再度ワックスを注ぎ、穴を埋めるという作業が必要になります。収縮率はワックスの種類によって変わりますが、パラフィンワックスの場合は約20％の膨張と収縮があります。

▼収縮した部分の直し方

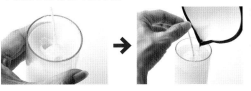

流し込んだワックスが固まったら収縮部分にもう一度ワックスを注ぎ足し、穴を埋めます。

▼ワックス・添加材別の収縮率の比較

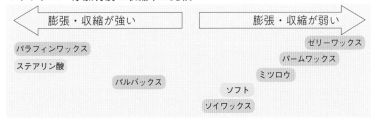

膨張・収縮が強い　←

膨張・収縮が弱い　→

パラフィンワックス
ステアリン酸
パルバックス
ソフトソイワックス
ミツロウ
パームワックス
ゼリーワックス

● 石油系ワックス／ ● 天然素材系ワックス／ ○ 添加材

温度管理について

キャンドルメイキングでは温度管理がとても重要です。初心者の失敗の多くは、この温度管理がうまくいかなかったことが原因だと考えられます。ここで、正しい温度管理の感覚と知識を身につけましょう。下の図は、パラフィンワックス単独、またはパラフィンワックスを主体とするブレンドワックスを基準に考えたときの、作業工程を行うのに適した温度をまとめたものです。低融点のソイワックスや高融点のゼリーワックスは、温度バーの下に記載した、注ぐ温度を参考にしてください。

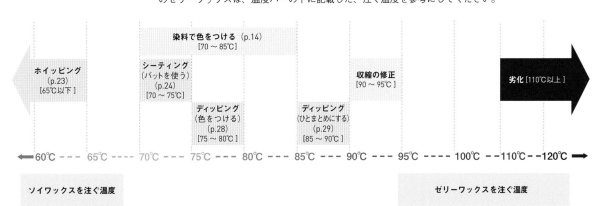

染料で色をつける (p.14)
[70〜85℃]

シーティング（バットを使う）(p.24)
[70〜75℃]

ディッピング（色をつける）(p.28)
[75〜80℃]

ホイッピング (p.23)
[65℃以下]

ディッピング（ひとまとめにする）(p.29)
[85〜90℃]

収縮の修正
[90〜95℃]

劣化 [110℃以上]

←60℃ --- 65℃ --- 70℃ --- 75℃ --- 80℃ --- 85℃ --- 90℃ --- 95℃ --- 100℃ ---110℃---120℃→

ソイワックスを注ぐ温度

ゼリーワックスを注ぐ温度

ワックス・添加材を取り扱うときの注意点

保存の際はシリコーンカップや紙コップに注ぐ

溶かしたワックスが大量に余ってしまった場合、鍋の中で固めて保管するのはおすすめできません。再度加熱した際に、鍋底で溶けたワックスが表面になかなか出てこられず、内部で膨張する可能性があるからです。この状態でさらに加熱すると、急に高温のワックスが噴射してくることがあるので注意しましょう。やけどの危険を避けるためにも、余ったワックスはシリコーンカップや紙コップに注いで固め、保存しましょう。

必ず温度を測りながら溶かす

ワックスによって引火点は異なりますが、温度が上がりすぎると発火してしまいます。だいたい200℃を超えると、どのワックスも危険領域です。ワックスを溶かすときは、必ず温度を測りながら、鍋のそばを離れないようにして弱火でゆっくり溶かしましょう。

再利用も可能だが劣化したら捨てる

不要になったキャンドルやサシェは、再び溶かして再利用することができます。ただし、何度も繰り返しているうちに酸化（腐敗）するので永久的に使えるわけではありません。「全体や一部が黄色や茶色味を帯びてくる」「古くなったてんぷら油のような匂いがする」というような状態が確認されたら、作品の品質に影響を与えるので使用をやめて、固まった状態のまま燃やすゴミに出してください。

芯の選び方と扱い方

キャンドルを灯すとき、演出の大きなカギとなるのが芯です。とくに、植物を入れるボタニカルキャンドルでは、それらの装飾に燃え移らないための芯への配慮と工夫が必要です。ここでは基本的な芯の扱い方や、芯選びのポイントをお伝えします。

キャンドル芯の種類

キャンドルに使う芯は、タコ糸でも代用が可能ですが、煤（すす）が出やすく炎の大きさが安定しないという難点があります。本書で使用している芯は、キャンドル専用の「綿芯」と「木芯」の2種類です。これらは、ネットショップや手芸店などで手に入ります。

綿芯

木綿を編み込んだもので、煤（すす）が出にくく、キャンドルを効率よく燃焼させます。H芯、LX芯といった種類がありますが、どちらも万能芯と呼ばれ、どのワックスとも相性がよいです。

本書で使っているのはLX芯と呼ばれるアメリカ製の平芯。とくにソイワックスとの相性がよく、芯の直立を保ちながら、美しく燃焼します。「LX-8」「LX-10」など、数字が大きいほど太い芯を表しています。

木芯

「ウッドウィック」「ウッド芯」とも呼ばれる木製の芯。天然木でできていて、燃えたときにパチパチという音が出るのも特徴です。ボタニカルなムードを高めるのに一役買ってくれます。

ワックスを吸い上げる面が広いため、香りを楽しみたいキャンドルにおすすめです。芯幅は、S（幅8mm）、M（幅10mm）、L（幅13mm）、LL（幅20mm）が主流。使うときは付属の専用の座金の中央に木芯をはさみ、立てて使います。

芯選びのポイント

芯は太さによって、燃焼時にワックスが溶ける範囲（プール幅）や炎の大きさが変わってきます。選ぶときは、どんなデザインのキャンドルに使うかを具体的にイメージすることが大切です。芯の太さに対応したプール幅は、購入時に目安が書いてあるので確認してください。

❶ キャンドルの直径を考える

まず、作るキャンドルの直径を決めましょう。その直径に対応するプール幅の芯を選びます。ただし、外側に植物などの装飾を伴うボタニカルキャンドルは、その内径（装飾部分を除いたキャンドルの内側の直径）で選ぶようにしましょう。外径で選ぶと、装飾物が飛び出てきたり、引火してしまう可能性があります。

❷ キャンドルの高さを考える

ボタニカルキャンドルの場合、キャンドルの高さも考慮しましょう。キャンドルの先から7cmあたりまで燃焼が進むと、残ったキャンドルの壁に熱が当たり、想定のプール幅よりも広い範囲が溶け始めます。この場合、❶で設定した太さの芯よりも1つ細いものを選ぶとよいでしょう。

❸ 使うワックスの特徴を考える

ゼリーワックスなどの融点の高いワックスや、天然素材系ワックスは、芯へのワックスの供給が少ないため、炎の大きさやプール幅は小さくなります。この場合、❷で設定した太さの芯よりも1つ太いものを選びます。

芯の太さは決まりましたか？

芯を設定してキャンドルを作ったら灯してみましょう。
実際に燃焼を確認することで、芯選びのコツがだんだんつかめてくるはずです。

LX芯の プール幅の目安（参考）	芯の太さ	LX-8	LX-10	LX-12	LX-14	LX-16	LX-18	LX-20	LX-22
	プール幅（cm）	3〜4	4〜5	5〜6	6〜7	7〜8	8〜8.5	8.5〜9	9〜10

芯の下準備

芯をモールドにセッティングする前に、ワックスで芯をコーティングする作業が必要です。こうすることで初めて、キャンドルの炎は溶けたワックスを吸い上げ、燃え続けることができるようになります。

1 必要な長さに切り、溶かしたワックスに芯全体を浸ける。

2 キッチンペーパーを折りたたみ、芯をしごいて余分なワックスを落とす。

3 温度が下がるまで待って、完成。

容器やモールド (p.21) の底に芯を固定する

芯の下準備ができたら、ガラスの容器やモールドの底に芯をセットします。本書では、芯をワックスに直接埋め込むキャンドルもありますが、ガラスの容器やモールドの底に芯を固定する場合は、以下の2通りがあります。

▼ キャンドル専用のモールドの場合

モールドはこれ！　拡大
底に芯穴が開いたポリカーボネート製のモールド。

1 モールドの内側にオイルを塗る。

2 芯を芯穴に通し、1〜2cm出して横に倒す。

3 モールドの底の芯穴をふさぐようにねり消しでとめる。

▼ 座金を必要とするモールドの場合

座金はこれ！
芯を直立させるための座金。大小ある。

1 座金の出っ張っているほうから芯を通す。

2 座金の出っ張っているほうをペンチでつぶす。

3 座金の底に両面テープを貼り、使用する容器やモールドの底に固定する。

Memo 芯の長さを決めるときは……

芯の長さを決めるときには、

| **キャンドルの高さ** |
| + |
| **着火部分**（1cm以上） |
| + |
| **モールド**（p.21）から **出すときに引っ張る部分**（2cm以上） |

が必要です。着火部分はデザインで長めにしておいてもよいですが、灯す際には1cmくらいに切ります。

モールドに芯をあて、長さの目安をつける。

必要な長さをはさみで切る。

着色料と色のつけ方

ワックスの着色は、専用の染料や顔料を使って行います。それぞれの特徴や使い方を知って、ワックスの色づけに役立てましょう。

▍染料

専用の固形染料

形状 固形・粉末・液体

ワックスに完全に溶けるので、透明感を引き出し、奥行きのあるカラーデザインができます。色数も豊富で混色に適していますが、時間の経過や日光に当たることによって退色や変色を起こしてしまうので、作品の長期間の保存には向いていません。本書では、初心者でも使いやすい固形タイプの染料を採用しています。

メリット ・透明感のある仕上がり
・混色しやすい
・色数が豊富

デメリット 変色や退色しやすい

▍顔料

市販のクレヨン　　専用のフレーク顔料

形状 固形・フレーク・粉末

ワックスに完全に溶けることなく、ワックスの中に粒子が混在している状態になります。そのため、キャンドルを濃く着色しすぎると、芯が目詰まりして上手く燃えない原因になります。発色がよく、変色や退色しにくいという利点があります。また専用の顔料のほか、手に入りやすい身近な顔料としてクレヨンがあり、ワックスの着色にも使用できます。

メリット ・発色がよい
・染料に比べるとマットな仕上がり
・変色や退色が少ない

デメリット 濃い着色には不向き

色のつけ方

着色は、紙コップで行う場合と鍋やビーカーで行う場合があります。紙コップを使うと、モールド(p.21)に流しやすく、複数の色で制作するときに便利です。鍋やビーカーを使うと、色が定まらないときに再加熱しやすいという利点があります。ここでは、本書で使う固形染料での着色を紹介します。

1

紙コップに固形染料をカッターで削り入れる。薄く削ると低い温度のワックスに溶かす場合でも溶けやすい。

2

ワックスを加熱して溶かし、制作に適した温度（p.11）になったら、1の紙コップに注ぐ。

3

割り箸などで混ぜて、色が均一になるまで溶かす。色が薄ければ、再度染料を削り入れて調整する。

> *Memo*
> **着色のアドバイス**
>
> ワックスの着色で「思った色ができない」と感じる人は多いようです。それは、ゼリーワックス以外のワックスは、着色したときは透明でも、固まると白くにごる性質があるからです。このようなワックス自体の色味の変化を想定して着色するのは難しいことですが、いつも念頭に置いて色づけを楽しむことで、少しずつ着色の感覚が身についてきます。

ADVICE

色見本を作りましょう！

本書で使っている色彩は、固形染料を用いた全17色です。下の色見本は、左がパラフィンワックス（95%）＋ステアリン酸（5%）のブレンドワックスに着色したもの、右がゼリーワックスに着色したものとなります。仕上がりのカラーイメージの参考にしてみてください。また、自分でも色見本を作ってみましょう。そうすることで、ワックスへの着色に大きな助けとなるはずです。

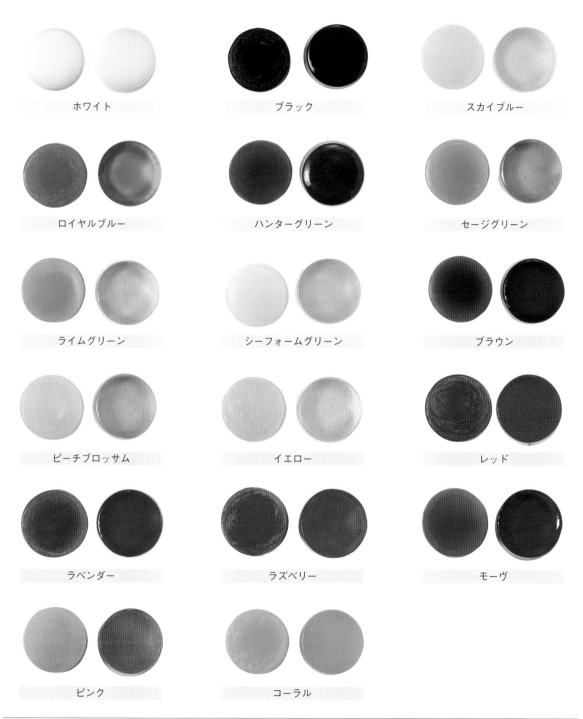

ホワイト　　　　　ブラック　　　　　スカイブルー

ロイヤルブルー　　ハンターグリーン　セージグリーン

ライムグリーン　　シーフォームグリーン　ブラウン

ピーチブロッサム　イエロー　　　　　レッド

ラベンダー　　　　ラズベリー　　　　モーヴ

ピンク　　　　　　コーラル

花材とその下準備

本書で使っている花材の種類とその特徴をまとめました。また、ここでは使いたい花材に適した下準備も紹介します。作品におすすめの花材は p.116 ～ p.119 に掲載しているので、参考にしてください。

キャンドル・サシェ作りに使える花材

プリザーブドフラワー

生花を脱水処理したあとに着色しており、製造には手間がかかるため高価です。生花のような柔らかな質感ながら、生花では表現できない色彩など鮮明な色が特徴です。正しく保存をすれば、数年間の長期保存が可能です。

ドライフラワー

生花を乾燥させたもので、カサカサして硬い質感をしています。くすんだアンティーク系の色がシックな雰囲気を引き立ててくれます。また、色づけしたドライフラワーもあります。半年から1年くらいの保存が可能です。

Memo 生花は NG

生花は水分があり、短期間で腐ってしまうので、ワックスに入れ込むことはできません。演出の手段としてキャンドルやサシェの周りに飾るのであれば構いません。

必ずやっておきたい花材の下準備

花材は使う前にひと手間かけて下準備をしておくと、そのあとの作業がスムーズになります。作品が長持ちし、精度も向上します。

長さのある花材

使う長さに合わせて大体の長さに切っておきます。またドライフラワーは、花が取れやすく、枝だけになっているところが目立つ場合があります。花の取れた枝は、はさみで切って整えておくことで作品の仕上がりに差が出てきます。

1

花が取れて枝だけになっている部分をはさみで切る。

2

全体的に余分な枝を切りつつ、長さを整えて形を調整する。

ヘッドだけの花

購入時は2〜3cmの茎が残っています。デザインとして生かさないときは、あらかじめ短く切っておきましょう。こうすることで、ワックスに埋め込むときの邪魔になりません。

茎を根元から短く切る。がくは切らなくてもよい。

散りやすいドライフラワー

ドライフラワーは、花が散りやすいものや、葉がぼろぼろと壊れやすいものが多くあります。破損を防ぐため、溶かしたワックスに花材を浸し、全体をコーティングし、まとめます（p.28「ディッピング」参照）。

1 ドライフラワーの枝を割り箸などで持ち、溶かしたワックスの中に花全体を浸す。

2 すぐに引き上げ、余分なワックスを落としたら、クッキングシートの上に置いて固める。

CHAPTER 1／キャンドル&サシェ作りのテクニック

より美しく仕上げるための花材の下準備

必ずやっておきたい下準備のほかに、以下のようなプラスαの下準備も知っておくと、デザインの幅が広がります。

小花を束ねてブーケを作る

小花や葉ものなどを束ねて、ブーケを作っておくと美しくまとまります。高低差をつけて束ねるのがコツです。

1 小花を広がらないようにしっかりと持ち、束ねたい部分をグルーで固定する。

2 グルーが固まったら、余分な枝を切って完成。

花を開かせてドラマチックにする

小さなサイズのローズは、そのまま使うのも上品ですが、花を大きく開かせてやることで華やかさがアップします。

1 がくをはさみで切る。

2 花びらの部分をしっかりと持ち、つけねをはさみで切り落とす。

3 2で切った部分をグルーで固定する。

4 クッキングシートの上にグルーをつけた面を下にして置き、指で花びらをゆっくり開く。

5 グルーが固まったら完成。

香料と香りのつけ方

ボタニカルサシェやアロマキャンドルは、デザインなどの視覚的な美しさのほかに、香りを楽しむという醍醐味があります。ここでは、ワックスの香りづけで使える代表的な香料の種類と、香りづけの実践、そして注意点を見ていきましょう。

香料の種類

ワックスへの香りづけには、精油またはフレグランスオイルなど油溶性のものを使います。香水など水溶性のものは NG です。本書の作品はすべて精油で香りをつけています。

精油

精油とは、植物の花、葉、果皮、果実、心材、根、種子、樹皮、樹脂などから抽出した天然の素材。植物によって特有の香りと機能を持ち、アロマテラピーに用いられます。揮発性があるので、ワックスに配合して2週間〜1カ月ほどで香りが薄まります。精油はおもに遮光瓶で販売されています。空気に触れると酸化するので、キャップはしっかりと締めて保管しましょう。

フレグランスオイル

フレグランスオイルとは人工香料のことで、比較的安価に手に入ります。香りを長持ちさせたいとき、濃い香りがほしいときには適しています。フレグランスオイルは香りを楽しむために作られたもののため、アロマテラピーの効能はありません。キャンドルやサシェ作り専用に開発されたフレグランスオイルが、ワックスに溶けやすく燃焼性もよいのでおすすめです。

香料の必要量の計算

一般的な添加量の目安はワックスの量の3〜6%です。そして、香料の入っているドロッパー瓶は、1滴が約0.05mℓ。それをふまえて、作りたい作品に何滴の香料が必要かを計算してみましょう。本書の作品には、サシェのみに精油を3%の濃度で添加しています。また右の例は、「ワックス30gに対して3%の濃度で香りをつける場合」の、2通りの算出方法です。

例）ワックス30gに対して3%の濃度で香りをつける場合

計算で出す場合
30g × 3% = 0.9g（= 0.9mℓ）→ 0.9mℓの香料が必要
0.9mℓ ÷ 0.05mℓ = 18　　　→ ドロッパー瓶から18滴を垂らせばOK

早見表で出す場合

精油の配合率	1%	2%	3%	4%	5%	6%
ワックス10gあたりの精油の滴数	2滴	4滴	6滴	8滴	10滴	12滴

10gあたりの精油の滴数が6なので→6×3 = 18滴

ワックスへの香りのつけ方

ワックスに香りをつけるための最適な温度は、70〜80℃といわれています。しかし、融点が高いワックスや、高温での作業が必要な場合は、作業に適切な温度を優先し、型入れの準備が整ったところで香りを加えます。

1 計量したワックスを加熱して溶かす。
POINT 色をつける場合は染料を入れ、適切な温度にし、型に注げる状態にしておく。

2 精油の瓶をゆっくりと傾けて垂らし、混ぜ棒で混ぜる。
POINT 瓶は振らないこと。出にくいときは手で少し温めると出やすくなる。

Memo

香料をつけたあとの作業

鍋に付着した香りが次の制作の邪魔にならないように、ワックスと一緒にキッチンペーパーなどできれいに拭き取っておきましょう。

香料を使うときの注意点

香りの許容量を意識する

ワックスには香料を溶かすことのできる許容量があり、それを超える香料は、ワックスが固まった後も液体のまま底に溜まってしまいます。許容量の6%を超えないように調整をしましょう。

ポリカーボネート製のモールドには添加しない

香料はプラスチックを溶かすため、ポリカーボネート製のモールド（p.21）を使うとモールドを痛めてしまいます。香料を入れたいときは、アルミやシリコーン製のモールドを選びましょう。

香料の色を考慮する

香料は、無色透明のものから濃い黄色、褐色のものまであります。ワックスに配合する際は、香料の持つ色が混ざっても、作品のイメージに遜色がないかどうかを考慮して入れましょう。

ADVICE

精油をブレンドしてお気に入りの香りを作って！

精油は2〜3種をブレンドすることで、より深い香りを楽しむことができます。ブレンドに決まりはありませんが、精油選びの指標として、下の図の「香りの分類」があります。これは、精油の系統を7つに分けたもので、同じグループの香りはなじみやすく、隣り合うグループ同士の香りは相性がよいとされています（香りの特徴はp.120「精油の種類と選び方」でも詳しく紹介しています）。好みやライフスタイルに合わせて調合し、とっておきの香りでキャンドルやサシェを作りましょう。

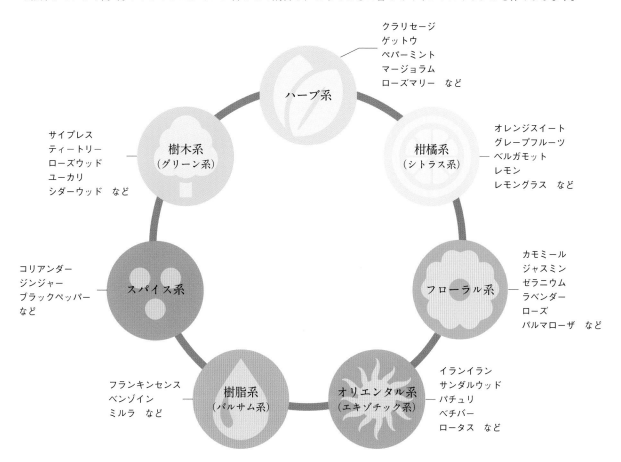

ハーブ系：クラリセージ／ゲットウ／ペパーミント／マージョラム／ローズマリー　など

柑橘系（シトラス系）：オレンジスイート／グレープフルーツ／ベルガモット／レモン／レモングラス　など

樹木系（グリーン系）：サイプレス／ティートリー／ローズウッド／ユーカリ／シダーウッド　など

フローラル系：カモミール／ジャスミン／ゼラニウム／ラベンダー／ローズ／パルマローザ　など

スパイス系：コリアンダー／ジンジャー／ブラックペッパー　など

オリエンタル系（エキゾチック系）：イランイラン／サンダルウッド／パチュリ／ベチバー／ロータス　など

樹脂系（バルサム系）：フランキンセンス／ベンゾイン／ミルラ　など

キャンドル・サシェ作りに必要な道具

作る前に準備しておきたい道具をまとめました。一連の作業で必ず使う道具と、作りたいデザインによって使い分ける道具がありますが、いろんなデザインが作れるように、余裕があればぜひそろえてみてください。

鍋・ビーカー
ワックスを溶かすときに使う。ホーローでなくてもよいが、IH対応のものかどうか確認を。

IH電磁調理器
ワックスを溶かすために使う。量販店で入手可能な、家庭用のものでOK。温度が細かく調整できるものを選ぶ。

はかり
材料を計量するときに使う。0.1gまで計量できるものを準備する。

紙コップ
溶かしたワックスを入れるのに使う。使用するワックスの量に合わせて、S、M、Lの3サイズあると便利。

温度計
ワックスの温度管理をするのに使う。200℃まで測れるものを選ぶこと。

混ぜ棒
ワックスを溶かし、かき混ぜるのに使う。シリコーン製は手入れもしやすく、おすすめ。

ピンセット
モールドに小花や実などを入れるときに使う。長短あると便利。

はさみ
材料や素材を切るのに使う。クラフト用と植物の剪定用があるとよい。

カッターナイフ
染料を削ったり、シーティング（p.24）でワックスシートを切ったりするの使う。

ストロー
サシェ作りでリボンを通す穴を開けるのに使う。

割り箸
芯を固定したり、ワックスに染料や香料を溶かす際に、混ぜるのに使う。

竹串
穴を開けたり細かい作業が必要なときに使う。

ステンレスバット

シーティング（p.24）の型として使ったり、作業中にワックスがこぼれないように受け皿として使う。

アルミホイル

シーティング（p.24）のようにワックスを流し込んだり、保温のために使う。

クッキングシート

ワックスが垂れてもはがしやすいので作業のときにしいたり、シーティング（p.24）のときに使う。

モールド

キャンドルやサシェの型。素材はさまざまなので用途で使い分ける。

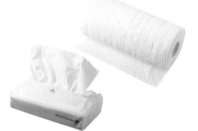

ティッシュ・キッチンペーパー

バットやモールドにオイルを塗ったり、道具の掃除に使う。

オイル（サラダオイル）

バットやモールドに塗って、型からワックスを取り出しやすくするのに使う。

ねり消し

キャンドル用のモールドの底に芯を固定するのに使う。

モールドの種類と素材

モールドのおもな素材は以下の通りです。用途や好みによって使い分けましょう。

ポリカーボネート…透明で使いやすい。香料で劣化するので注意（p.19「香料を使うときの注意点」参照）。

アルミ…熱伝導が早いので、ワックスを流し込んだあとはやけどに気をつける。ステンレスバットをしいて使う。

シリコーン…左右非対称なものなど、複雑な形状の型。好みの原型から型取りして、自作することもできる。

クッキー型…サシェのほか、平面のパーツにバリエーションを出したいときに手軽に使える。

両面テープ

座金（p.13）をモールドや容器に固定するのに使う。

接着剤

花材や飾りをキャンドルやサシェにつけるのに使う。

Memo

道具がワックスで汚れたら……

道具にワックスがついてしまった場合は、ドライヤーやヒートガンでワックスを溶かしてからキッチンペーパーなどで拭き取ります。お湯で洗ってシンクに流すのは NG です。

21

モールディング

加熱して溶かしたワックスをモールドに流し込み、固める技法をモールディングといいます。これはキャンドル・サシェ作りで一番基礎となる技法です。初心者の方はまずはここからスタートしてみましょう!

モールディングの基本

1. ワックスを加熱して溶かす

ワックスをビーカーに入れたら、弱火でゆっくり加熱する。目を離さず、混ぜ棒で混ぜながら溶かす。
POINT 火力が強いと煙が出るので、必ず弱火でゆっくりと溶かす。

ある程度溶けてきたら温度計を入れ、温度を測りながら溶かす。
POINT 基本のモールディングで注ぐ温度は 75 〜 80℃。

目的の温度より少し低めの温度でコンロからおろし、溶け残りがあれば引き続き余熱で完全に溶かす。
POINT 余熱でワックスの温度がやや上がる。色をつける場合はこのあとにつける(p.14)。

2. モールドにワックスを流し込む

芯をキャンドル専用のモールドにセットしたら(p.13)、溶かしたワックスを流し込む。
POINT 芯が中に引き込まれないように、先を持ちながら流し込む。

芯を割り箸ではさみ、まっすぐ伸びるように固定する。

ワックスが固まって中央がへこんだら、再度溶かしたワックス(85℃〜90℃)を注ぎ足し、穴を埋める。
POINT へこみはワックスの収縮によるもの(p.11)。注ぎ足すワックスの温度が低いと足した部分が取れてしまうことがあるので注意。

ワックスが固まったらモールドの底のねり消しをはずす。芯を引っ張り、モールドから出す。

4で引っ張った方の芯を切る。この面がキャンドルの底になる。

完成。

BASIC
TEQUNIQUE

BASIC TEQUNIQUE 2

ホイッピング

溶かしたワックスを割り箸などでかき混ぜてホイップ状にします。ホイップした
ワックスはモールディング（p.22）と同様に型に流せば、モコモコとした質感のキャ
ンドルやサシェが作れます。

ホイッピングの基本

1. ワックスを混ぜてホイップ状にする

1
ワックスを加熱して溶かし、70℃前後にしたら、色をつけて（p.14）、割り箸で混ぜる。
POINT ワックスの溶かし方は
p.22「モールディングの基本」
参照。

2
混ぜるにつれて固まってきたワックスが紙コップの内側に付着してくるので、割り箸でこそぎとる。

3
こそぎとったワックスを中に混ぜ込むようにして、さらに混ぜる。

4
ワックスがジェラートのような状態になるまで**2**、**3**を繰り返す。

2. 紙コップにワックスを流し込む

1
芯に座金をつけ（p.13）、紙コップの中央に両面テープで固定する。

2
1.の**4**でホイップしたワックスを流し込む。

3
流し込んだら芯を手で起こす。割り箸ではさみ、まっすぐに固定する。

4
ワックスが固まったら、紙コップにはさみで切れ目を入れる。

5
切れ目から紙コップをやぶり、キャンドルを取り出す。

6
完成。

シーティング

調理用バットやアルミホイルで作ったバットにワックスを流し込み、ワックスシートを作る技法です。ワックスシートは型抜きしたり、曲げたりして自由に形を作ることができます。

シーティングの基本

1. アルミホイルでバットを作る

1
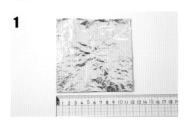
12 × 12cmの大きさにアルミホイルを切る。
POINT 作るワックスシートのサイズに応じてアルミホイルのサイズを決める。ここでは p.25「型で抜く」で使うバットのサイズで制作。

2

1.5cm
アルミホイルの4辺を端から1.5cm幅で谷折りし、折り目をつける。

3

対角線に折り目をつける
さらに対角線に折り目をつけたら、折り目に沿って角をつまむ。

4

つまんだ角を横に倒す。

5

残り3つの角も**3**、**4**と同様に折ったらバットの完成。

2. バットにワックスを流し込む

1

ワックスを加熱して溶かし、75~80℃くらいにする。
POINT ワックスの溶かし方は p.22「モールディングの基本」参照。

2

ワックスに色をつける（p.14）。

3

2のワックスをアルミホイルのバットに流し込む。

Memo

調理用バットを使うときの下準備

固まったワックスをバットから取り出すとき、アルミホイルからはきれいにはがすことができますが、ステンレス製のバットではそうはいきません。ワックスを流し込む前にバットの底に薄くオイルを塗っておくと、スムーズにはがすことができます。

シーティングを使ったデザインアイデア

型で抜く

ワックスシートをクッキー型などの抜き型で型抜きします。そのままサシェにしたり、小さな抜き型を使って、p.29のようなパーツにしてもOKです。

作るのはこれ！

ハートのクッキー型で抜いたガーリーなサシェ。サシェはリボンを通す穴を開けるのもポイントです。

作り方

1
p.24「シーティングの基本」で作ったワックスシートに、クッキー型を押し当てる。
POINT 型で抜くタイミングはワックスシートが羊羹（ようかん）くらいの硬さが目安。硬くなりすぎると抜けないので注意。

2
リボンをつけたいところにストローを押し当て、穴を開ける。

3
アルミホイルごと余分なワックスをむき取る。
POINT この部分は使わないので適当にちぎってOK。

4
ハート部分の裏についているアルミホイルをむく。

5
2のストローで型抜きした部分を竹串で押し、穴を開ける。

6
5で開けた穴にリボンを通し、先を結んだら完成。

曲げる

ワックスシートをくるくると
巻いただけでも芯をはさめば
キャンドルに。バットを使っ
てワックスシートを作るとこ
ろからスタートします。

作るのはこれ！

くるくると巻いてところどころに指先で
ニュアンスをつけたキャンドルです。ニュ
アンスのつけ方は自在なので、オリジナリ
ティを発揮できます。

作り方

1

バットより2cmほど長めに芯を切る。バッ
トにはオイルを塗っておく（p.25）。
POINT 着火部分になるので、1cm以上は長めに
切る（p.13「Memo」参照）。

2

ワックスを加熱して溶かし、75〜80℃に
する。
POINT ワックスの溶かし方は p.22「モールディ
ングの基本」参照。

3

2のワックスに色をつける（p.14）。

4

3のワックスをバットに流し込み、ワック
スシートを作る。

5

しばらく置いたら端を軽く押して、ワック
スシートが羊羹くらいの硬さになったのを
確認する。

6

バットのふちから5〜7mm内側をカッターで
切る。4辺とも同様に、フリーハンドでOK。

7

切った周りのワックスを竹串を使ってはがしていく。4辺とも同様にはがす。

8

ワックスシートを手でバットからゆっくりはがす。

9

ワックスシートを平らなところに置き、はしに **1** で準備しておいた芯を押さえつける。
POINT 芯の着火部分がシートの上から出るようにする。

10

ワックスシートの端から芯をくるむように巻く。

11

そのままくるくると巻いていく。

12

端まで巻いたところ。

13

巻き終わりを指でつぶすように薄くのばしながらニュアンスをつける。

14

少しニュアンスをつけたところ。

15

13 と同様にして、巻き終わりにひらひらとしたニュアンスをつける。

16

キャンドルの底をはさみで切って整える。

17

ワックスが固まったら完成。

ディッピング

加熱して溶かしたワックスに、モールディング（p.22）やシーティング（p.24）で作ったモチーフを浸してコーティングする技法です。色をつけたり、モチーフ同士をまとめたりするほか、ドライフラワーの補強（p.17）にも使います。

ディッピングの基本

溶かしたワックスに浸す

1

ワックスを加熱して溶かす。75~80℃くらいにして、色をつける（p.14）。
POINT ワックスの溶かし方は p.22「モールディングの基本」参照。ここでは白で着色した。

2

モールディング（p.22）の方法で作ったモチーフを**1**のワックスに浸し、すぐに引き上げる。
POINT ワックスに浸したところに色がつく。

3

垂れたワックスを指でぬぐう。ワックスが固まったら完成。
POINT 垂れたワックスは高温ではないので指でぬぐって OK。

ディッピングを使ったデザインアイデア

色をつける

ディッピング用のワックスに色をつけ、そこにモチーフを浸して色をつける方法です。どのように浸すかでデザインに変化がつけられます。

作るのはこれ！

シーティング（p.24）の方法で作った星のサシェの角にバランスよく色をつけます。

作り方

1

ワックスを加熱して溶かす。75~80℃くらいにして、色をつける（p.14）。
POINT ワックスの溶かし方は p.22「モールディングの基本」参照。

2

シーティング（p.24）の方法で作った星形のモチーフの一部を**1**のワックスに浸す。

3

すぐに引き上げる。

4

垂れたワックスを指でぬぐう。
POINT 垂れたワックスは高温ではないので指でぬぐってOK。

5

2〜4と同様に、もう1か所も浸して色をつける。固まったらリボンを通して完成。

ひとまとめにする

2つ以上のモチーフをひとまとめにしたいときに使います。接着の役割なので、ディッピング用のワックスは色をつけずに用意します。

作るのはこれ！

タグ形のサシェに小さなワックスのパーツをつけて立体的なデザインに仕上げます。

作り方

1

シーティングの型抜き（p.25）する方法で作った葉っぱのモチーフの裏側にソフトワックスを丸めたものをつけ、モールディング（p.22）の方法で作ったタグ形のサシェに仮固定する。

2

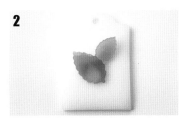

仮固定したところ。このときにデザインを決める。

3

ワックスを加熱して溶かし、85〜90℃にする。
POINT ワックスの溶かし方はp.22「モールディングの基本」参照。

4

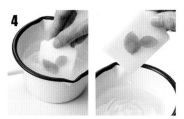

3のワックスに**2**の葉っぱのモチーフがかぶるくらいまで浸け、すぐに引き上げる。

5

垂れたワックスを指でぬぐう。
POINT 垂れたワックスは高温ではないので指でぬぐってOK。

6

ワックスが固まったら、リボンを通して完成。

Chapter 2

ボタニカル
キャンドル

Botanica Candlels

花をたっぷり使ったボタニカ
ルキャンドルなら、インテリ
アとして置いておくだけでも
空間が華やぎます。

また、火を灯すとワックスの
透け感や花の印影がクローズ
アップされ、日中とは全く違
う世界の広がりに思わず息を
のんでしまいます。

明るいところと暗いところ、
2つの演出に考えを巡らせな
がら、まずは好きな花を手に
取って始めてみましょう。

01

さわやかグラスゼリーキャンドル

ゼリーワックスを使ったキャンドルは、
光をたくさん反射してきらきらと輝きます。
窓辺のインテリアとして飾れば、まるで海辺にいるような、
心地よい清涼感をもたらしてくれるはず。

how to make → p.34

02

小花のデザートキャンドル

ぷるぷるのゼリーワックスをデザートグラスに入れれば、
スイーツキャンドルのできあがり。
クラッシュしたゼリーワックスをのせることで、立体感が出ます。
「おいしそう！」と言われること間違いなし。

how to make → p.36

01 さわやかグラスゼリーキャンドル (p.32)

材料 (1個分・直径 9.5 ×高さ 7.5cm)

ワックス	ゼリーワックス[融点 72℃] ……… 300 g
芯	キャンドル芯(LX-12)
染料 (p.15)	シーフォームグリーン
花材	❶クリスパム(ウォーターブルー)
	❷ヘリクリサム(ホワイト)
	❸インディアンコーン(オリーブグリーン)
	❹アイビー
その他	丸グラス(直径 9.5 ×高さ 7.5cm)、ショットグラス(直径 2.5 ×高さ 6cm)、座金(小)

道具

基本の道具 (p.20)
• 紙コップ[S × 1個]

下準備 (p.16)
• クリスパム、インディアンコーン、アイビーは 5cmくらいの長さに切る。

Finished sample
仕上がり見本

写真を仕上がりの参考にして作ってみましょう。

❹アイビー

❷ヘリクリサム
(ホワイト)

❸インディアンコーン
(オリーブグリーン)

❶クリスパム
(ウォーターブルー)

芯をセットする（p.13）

1

芯に座金をつけ、ショットグラスの底に両面テープで固定する。

ワックスに色をつける（p.14）

2

紙コップに染料を削る。

3

ワックスを加熱して溶かし、95〜100℃にしたら、**2**の紙コップに30ｇ注いで混ぜる。
POINT ゼリーワックスははさみで細かく切ってから溶かすとよい。余ったワックスはビーカーにそのまま残しておく。

色つきワックスを流し込む

4

3のワックスを**1**のショットグラスに流し込む。

5

芯を割り箸で固定する。固まるまで置いておく。

6

ワックスが固まったら、**5**を丸グラスの中央に置く。

花材を入れる

7

ショットグラスと丸グラスの間に花材をバランスを見ながら入れていく。

8 横 上

上にのせるアイビー以外の花材を入れ終えたところ。

ワックスを溶かす・流し込む

9

ビーカーに残っているワックスを再び加熱して95〜100℃にしたら、ショットグラスがかぶるまで**8**の丸グラスに流し込む。

10

花材から出た気泡が浮いてきたら竹串でつぶす。

花材を入れる

11

ワックスが固まりきらないうちに、アイビーを**10**の丸グラスのふちにのせる。

12

ワックスが固まったら完成。

02 | 小花のデザートキャンドル（p.33）

材料（1個分・直径9×高さ7cm）

ワックス	ゼリーワックス［融点72℃］……… 130 g
芯	キャンドル芯（LX-16）
染料（p.15）	ラベンダー
花材	❶スターフラワー
	❷アジサイ（ブルー）
	❸アジサイ（パープルホワイト）

下準備（p.16）
• スターフラワーは茎を1cm弱位残して切る。
• アジサイは小房に分ける。

その他	デザートグラス（直径9×高さ7cm）、ミニグラス（直径2.5×高さ5.5cm）、座金（小）、粉砕ガラス（グリーン）、金粉

道具

基本の道具（p.20）、カッターマット
• 紙コップ［S×1個］

Finished sample
仕上がり見本

写真を仕上がりの参考にして作ってみましょう。

❸アジサイ（パープルホワイト）　❶スターフラワー　❷アジサイ（ブルー）

作り方

芯をセットする（p.13）

1

芯に座金をつけ、ミニグラスの底に両面テープで固定する。

型を準備する

2

デザートグラスに粉砕ガラスを入れる。

3

2の粉砕ガラスの上に**1**を置く。

ワックスを溶かす・流し込む

4

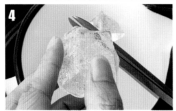

ワックスをはさみで細かく切り、ビーカーに入れる。
POINT ゼリーワックスははさみで細かく切ってから溶かすとよい。

5

ワックスを加熱して溶かし、95〜100℃にしたら、**3**のデザートグラスの半分の高さまで流し込む。

6

ワックスを入れたところ。
POINT 余ったワックスはビーカーにそのまま残しておく。

花材を入れる

7

アジサイをパープルホワイト、ブルーの順にデザートグラスのふちに沿うようにワックスに埋め込む。

ワックスに色をつける (p.14)

8

紙コップに染料を削る。

9

ビーカーに残っているワックスを再び加熱して 95 〜 100℃にしたら、**8**の紙コップに 30 g 注いで混ぜる。POINT 余ったワックスはビーカーにそのまま残しておく。

色つきワックスを流し込む

10

9のワックスを**7**のデザートグラスに半量ほど流し込む。余ったワックスは紙コップのまま固める。

ワックスを溶かす・流し込む

11

ビーカーに残っているワックスを再び加熱して 95 〜 100℃にしたら、デザートグラスの 8 分目まで流し込む。

花材を入れる

12

スターフラワーをデザートグラスのふちにそってのせる。

ワックスで飾りを作る

13

10で紙コップのまま固めたワックスを取り出し、はさみで細かく切る。

14

ゼリーワックス（分量外・固形のまま）もはさみで細かく切る。

仕上げ

15

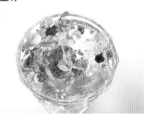

12のデザートグラスに散りばめる。

16

金粉をかけて、完成。

Arrange
アレンジ

染料をピンク(p.15)、アジサイ（ブルー）をピンクホワイトにかえて作ります。

上　染料（ピンク）　横

アジサイ（ピンクホワイト）

03

ミモザの花冠キャンドル

愛らしいふわふわのミモザは、リースやスワッグとして人気の花。
淡い色のアジサイと組み合わせて花冠のように仕上げました。
ミモザの花言葉の一つである「友情」をキャンドルに託し、
心のこもったプレゼントにも。

how to make → **p.41**

04

ナチュラルソイキャンドル

アースカラーのスケルトンリーフのキャンドルなら、
木芯を使うとよりナチュラルな風合いになります。
木芯がパチパチと音を立ててはぜるので、
まるで暖炉にあたっているかのような気分が味わえます。

how to make → **p.43**

05

シャンパンキャンドル

パーティーのおともに、青いバラのシャンパンキャンドルはいかがでしょう？
キラキラした結晶模様を作り出すパームワックスと
ゼリーワックスのコンビネーションがおもしろいキャンドルです。
オーガンジーのリボンで特別感をプラスして。

how to make → **p.44**

03 | ミモザの花冠キャンドル（p.38）

材料（1個分・直径 6.5 ×高さ 4cm）

ワックス	ソイワックス ソフト ……… 80 g
芯	キャンドル芯（LX-12）
染料(p.15)	なし
花材	❶アジサイ（ライムグリーン）
	❷ミモザ
その他	ガラスのキャニスター（直径 6.5 ×高さ 4cm）、
	座金（小）

道具

基本の道具（p.20）

下準備（p.16）
- アジサイは花びらに分ける。
- ミモザは小房に分け、ディッピングする。

𝒻inished sample
仕上がり見本

写真を仕上がりの参考にして作ってみましょう。

横

上

❶アジサイ
（ライムグリーン）

❶アジサイ
（ライムグリーン）

❷ミモザの花

❷ミモザの葉

芯をセットする (p.13)

1

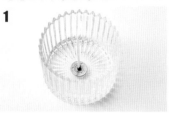

芯に座金をつけ、キャニスターの底に両面テープで固定する。

ワックスを溶かす・流し込む

2

ワックスを加熱して溶かし、65〜70℃にしたら、**1**のキャニスターに20gほど流し込む。

POINT 余ったワックスはビーカーにそのまま残しておく。

3

キャニスターを傾けて回し、側面に半分の高さくらいまで薄いワックスの膜を作る。

花材を入れる

4

ワックスの膜にアジサイを指で押し当てて、貼りつける。

5

ビーカーに残っているワックスをキャニスターに少量流し込んだら傾けて回し、アジサイの表面をコーティングする。

POINT 余ったワックスはビーカーにそのまま残しておく。

ワックスを溶かす・流し込む

6

ビーカーに残っているワックスを再び加熱して60〜65℃にしたら、キャニスターの8分目まで流し込む。

POINT 余ったワックスはビーカーにそのまま残しておく。

花材を入れる

7

ワックスの表面が固まってきたら、キャニスターのふちにそってアジサイを埋め込む。

8

7と同様にワックスにミモザの花を埋め込む。

9

7、**8**と同様に、バランスを見ながらミモザの葉を埋め込む。

ワックスを溶かす・流し込む

10

ビーカーに残っているワックスを再び加熱して65〜70℃にしたら、キャニスターの9分目まで流し込む。

POINT 最後に少しワックスを加えることで表面が平らになり、美しく仕上がる。

11

ワックスが固まったら完成。

Arrange

アレンジ

アジサイの花の色をベージュにかえて作ります。

アジサイ（ベージュ）

42

04 ナチュラルソイキャンドル（p.39）

材料 （1個分・直径8×高さ8cm）

ワックス	ソイワックス ソフト ……… 250g
芯	木芯（Lサイズ）
染料(p.15)	なし
花材	❶ミニスケルトンリーフ（ゴールド） ❷ミニスケルトンリーフ（モスグリーン）

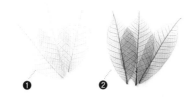

❶　❷

その他	ガラスのキャニスター（直径8×高さ8cm）、座金（木芯に付属のもの）、ネイルカラー（ゴールドラメ）

道具

基本の道具（p.20）、スティックのり

Finished sample
仕上がり見本

写真を仕上がりの参考にして作ってみましょう。

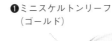

❶ミニスケルトンリーフ（ゴールド）　　　❷ミニスケルトンリーフ（モスグリーン）

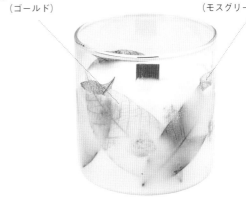

作り方

花材を入れる

1

ネイルカラーをキャニスターの内側に塗る。ネイルカラーが乾いたら、その上にミニスケルトンリーフをスティックのりで貼る。

芯をセットする（p.13）

2

木芯をキャニスターに収まる長さに切り、座金をセットする。キャニスターの底に両面テープで固定する。

ワックスを溶かす・流し込む

3

ワックスを加熱して溶かし、65〜70℃にしたら、キャニスターに30gほど流し込む。

POINT 余ったワックスはビーカーにそのまま残しておく。

4

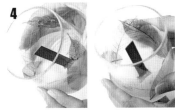

キャニスターを傾けて回し、側面にワックスの膜を作る。何回か繰り返し、ワックスの膜を厚くする。

5

ビーカーに残っているワックスを再び加熱して60〜65℃にしたら、**4**のキャニスターに流し込む。

6

ワックスが固まったら完成。

05 │ シャンパンキャンドル (p.40)

材料 （1個分・直径6.5×高さ10cm）※高さは柄をのぞく。

ワックス	底から中間 ゼリーワックス [融点72℃] ……… 200g	
	上部 パームワックス ……… 90g	
芯	キャンドル芯（LX-14）	
染料(p.15)	スカイブルー	
花材	①ビビアンローズ（ベビーブルー）	
	②ライスフラワー（レッド）	
	③リンフラワー（ホワイト）	

その他　ワイングラス*（直径6.5×高さ10cm）、
　　　　リボン（水色／長さ45cm）
　　　　※高さは柄をのぞく。

道具

基本の道具（p.20）、グルースティック、グルーガン
・紙コップ[S×1個／M×1個]

下準備 (p.16)
・ビビアンローズは茎を切る。
・ライスフラワーは3～4cmに切る。
・リンフラワーは4cmくらいにしてグルーで束ねる。

Finished sample
仕上がり見本

写真を仕上がりの参考にして作ってみましょう。

②ライスフラワー（レッド）

③リンフラワー（ホワイト）

①ビビアンローズ（ベビーブルー）

リボン（水色）

作り方

ゼリーワックスに色をつける (p.14)

1

紙コップに染料を削る。

2

ゼリーワックスを加熱して溶かし、95～100℃にしたら、**1**の紙コップに30g注いで混ぜる。
POINT 余ったゼリーワックスはビーカーにそのまま残しておく。

色つきゼリーワックスを流し込む

3

ワイングラスに**2**のゼリーワックスを流し込む。

花材を入れる

4

ゼリーワックスの中央にビビアンローズをさし込む。

5

ビビアンローズの後ろにライスフラワー、リンフラワーの順でさし込む。ワックスが固まるまで置いておく。

ゼリーワックスを流し込む

6

ビーカーに残っているゼリーワックスを再び加熱して 95 〜 100℃にしたら、**5** のワイングラスの 7 分目まで流し込む。しっかり固める。
POINT 気泡が浮いてきたら竹串などでつぶす。

芯をセットする (p.13)

7

ゼリーワックスの表面に芯をつけて、割り箸で固定する。
POINT ゼリーワックスに芯を埋め込まないようにする。

パームワックスに色をつける (p.14)

8

紙コップに染料を削る。

9

パームワックスを加熱して溶かし、75 〜 80℃にしたら、**8** の紙コップに注いで混ぜる。

パームワックスを流し込む

10

7 のワイングラスのすりきりまで **9** のパームワックスを流し込む。

11

パームワックスが固まったところ。

仕上げ

12

リボンをグラスの柄に結んで完成。

Arrange
アレンジ

染料を、写真左は（ロイヤルブルー）(p.15)、写真右は（スカイブルー＋ロイヤルブルー）(p.15) にかえて作ります。花材は、写真左はビビアンローズ（ソーダブルー）、フィビジア（エジプシャンブルー）、シャワーグラス、写真右はビビアンローズ（インディゴブルー）、アジサイ（ブルーホワイト）、シャワーグラスを入れています。

フィビジア（エジプシャンブルー）

シャワーグラス

ビビアンローズ（ソーダブルー）

リボン（ブルー）

シャワーグラス

ビビアンローズ（インディゴブルー）

アジサイ（ブルーホワイト）

リボン（ホワイト）

06

花びらのドレスの
ロールキャンドル

芍薬の花びらが
可憐なフリルのドレスを思わせる、
ラグジュアリーなキャンドルです。
ワックスの垂らし方、巻き方、ニュアンスのつけ方で、
好みのドレスに仕立てましょう。

how to make → **p.48**

07

ドレッシーな
ツイストキャンドル

オフホワイトのフリルが軽やかに舞う、
ドレッシーなキャンドルです。
巻いたり、ひねったり、折り返したり……
ニュアンスのつけ方は自由自在。
遊び心のあるデザインを楽しめます。

how to make → **p.50**

06 | 花びらのドレスのロールキャンドル (p.46)

材料 (1個分・直径約5×高さ19cm)

ワックス	パラフィンワックス［融点58℃］（240g）（80%）＋マイクロスタイリンワックス　ソフト（60g）（20%）……… 300g
芯	キャンドル芯（LX-8）
染料 (p.15)	モーブ
花材	シャクヤク

下準備 (p.16)
• 花びらに分ける。

道具

基本の道具 (p.20)、重石
• バット［縦21×横21×深さ0.8cm］
• 紙コップ［S×1個］

Finished sample
仕上がり見本
写真を仕上がりの参考にして作ってみましょう。

シャクヤク

作り方

シーティング (p.24)

1

ワックスを加熱して溶かし、70～75℃にしたら、バットへ流してワックスシートを作る。
POINT バットにはオイルを塗っておく (p.25)。

2

ワックスシートが羊羹くらいの硬さになったら、カッターでバットの5～7mm内側の4辺を切る。

3

切った周りのワックスを竹串などで取る。さらにワックスシートを手でバットからゆっくりとはがす。

芯をセットする

4

ワックスシートを平らなところに置き、はしに芯を押さえつける。そのまま芯にワックスシートをひと巻きする。
POINT 芯はバットよりも少し長めに切っておき、シートの左右からはみ出るように巻く。

ワックスシートを曲げる (p.26)

5

そのままくるくると、斜めに巻いていく。

底を切る

6

キャンドルの底が平らになるようにはさみで切る。

シーティング (p.24)

7

クッキングシートを30cmほど出し、角に重石をのせておく。
POINT 形に自由度のあるワックスシートを作るために、クッキングシートを使う。

8

ワックスを再び加熱して75〜80℃にしたら、30gほど残して**7**のクッキングシートにはみ出さないように薄く流す。
POINT 余ったワックスはビーカーにそのまま残しておく。

9

流したワックスを竹串で広げ、ワックスシートを作る。

花材を入れる

10

ワックスシートの端に花びらを散らす。

ワックスに色をつける (p.14)

11

紙コップに染料を削る。ビーカーに残っているワックスを再び加熱して75〜80℃にしたら、紙コップに注いで混ぜる。

ワックスを垂らす

12

10のワックスシートの上に**11**のワックスを垂らす。
POINT 花びらにもかかるように垂らす。

ワックスシートを曲げる (p.26)

13

ワックスシートが羊羹くらいの硬さになったら、クッキングシートからはがす。

14

はがしたワックスシートを**6**のキャンドルに巻きつけていく。

15

巻き終わりを指で外側に曲げて、ニュアンスをつける。
POINT 花をイメージして、キャンドルの中間から上のほうにかけてニュアンスをつける。

仕上げ

16

バランスを見て、キャンドル上部の端に花びらをさし込む。

17

キャンドルの底が平らになるようにはさみで切る。

18

ワックスが固まったら完成。

49

07 | ドレッシーなツイストキャンドル (p.47)

材料 (1個分・直径約2×高さ23.5cm)

ワックス	パラフィンワックス [融点58℃] (112.5g) (75%) ＋マイクロスタイリンワックス ソフト (37.5g) (25%) ……… 150g
芯	キャンドル芯 (LX-8)
染料 (p.15)	ホワイト、イエロー
花材	❶ソフトラスカス（海） ❷ソフトモリソニア（エジプシャンブルー）

下準備 (p.16)
・ソフトラスカス、ソフトモリソニアともに小枝に分けて5〜8cmに切る。

道具

基本の道具 (p.20)
・バット [縦15.7×横26×深さ1.6cm]
・紙コップ [L×1個]

Finished sample
仕上がり見本
写真を仕上がりの参考にして作ってみましょう。

❶ソフトラスカス（海）

❷ソフトモリソニア（エジプシャンブルー）

作り方

ワックスに色をつける (p.14)

1

紙コップに2色の染料を削る。
POINT 染料のホワイトとイエローは4：1で混ぜる。

2

ワックスを加熱して溶かし、70℃にしたら、1の紙コップに注いで混ぜる。

シーティング (p.24)

3

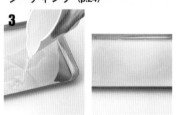

2のワックスをバットに流し込み、ワックスシートを作る。
POINT バットにはオイルを塗っておく (p.25)。

芯をセットする

4

ワックスシートが羊羹くらいの硬さになったら、カッターでバットの5〜7mm内側の4辺と、その対角線で切る。

5

切った周りのワックスを竹串などで取る。さらにワックスシートを1枚だけ手でバットからゆっくりとはがす。
POINT 直角三角形のワックスシートが2枚できる。

6

5のワックスシートを平らなところに置き、直角がある長い辺に芯を押さえつける。そのまま芯にワックスシートをひと巻きする。
POINT 芯はワックスより1cm以上長く切って、先端を出して押さえつける。

ワックスシートを曲げる (p.26)

7

そのままくるくると巻いていく。

8

8割くらい巻いたら、巻き終わりの辺を指で持ち、つぶすように薄くのばし、ひらひらとしたニュアンスをつける。

9

キャンドルの下まで同様にニュアンスをつけていく。

10

さらに指で薄くのばしながら、波打たせるようにニュアンスをつける。

花材を入れる

11

巻き終わりにソフトモリソニア、ソフトラスカスの順にはさみ込む。

ワックスシートを曲げる (p.26)

12

5のもう1枚のワックスシートを手でバットからゆっくりとはがす。

13

長い2辺を指でつぶすように薄くのばし、ひらひらとしたニュアンスをつける。

14

13のワックスシートを**11**の下に重ね、軽くくるむように曲げる。

15

2枚のワックスシートをバランスを見てニュアンスをつける。

仕上げ

16

キャンドルの底が平らになるようにはさみで切る。

17

形を整え、ワックスが固まったら完成。

紫陽花のランタン風キャンドル

シックな色の紫陽花を組み合わせて、キャンドルに詰め込みました。
部分的に紫陽花を入れないようにすることで、
花びらの印影が際立ち、儚げな美しい印象を与えます。

how to make → p.54

09

シルバーデイジーの
ゴージャスキャンドル

花をふんだんに使ったゴージャスなキャンドルです。
立体的に仕上げるには、花材をしっかり詰め込むのがポイント。
お庭で過ごすティータイムなど、
屋外でのシーンにもぴったりのキャンドルです。

how to make → p.56

08 | 紫陽花のランタン風キャンドル (p.52)

材料 (1個分・直径 8.5 ×高さ 8㎝)

ワックス	**外側用** パラフィンワックス［融点 69℃］(123.5 g)(95%)＋ステアリン酸 (6.5 g)(5%) ……… 130 g
	内側用 パラフィンワックス［融点 58℃］……… 100 g
	ソイワックス ソフト ……… 150 g
	座金の固定用 パラフィンワックス……… 少量
芯	キャンドル芯（LX-16）
染料 (p.15)	なし
花材	アジサイ（アンティークピンク）

下準備 (p.16)
• アジサイは太い茎を切る。

その他	座金（大）

道具

基本の道具 (p.20)
• ドーナツ形のモールド［内径 8.5 ×外径 9.2 ×高さ 8.7㎝］

Finished sample
仕上がり見本

写真を仕上がりの参考にして作ってみましょう。

アジサイ
（アンティークピンク）

作り方

花材を入れる

1

ピンセットでモールドのすき間に花材を詰める。

モールディング (p.22)

2

外側用のワックスを加熱して溶かし、95 〜 100℃にしたら、**1**のモールドに流し込む。

3

ワックスが固まったらモールドから出す。

4

モールドから出し、開いている方を
上にして置く。

芯をセットする (p.13)

5

4の内側に座金の固定用のワックス
を加熱して溶かし入れる。芯に座金
をつけ、底の中央に押しあてて固定
する。

パラフィンワックスを入れる

6

内側用のパラフィンワックスをペレッ
ト状のまま**5**の7分目まで入れる。
POINT ペレット状のまま入れることで、
これから流し込むソイワックスが外側へ
もれにくくなる。

ソイワックスを溶かす・流し込む

7

内側用のソイワックスを加熱して溶
かし、70 〜 75℃にしたら、**6**の9分
目くらいまで流し込む。
POINT 余ったソイワックスはビーカーに
そのまま残しておく。

8

芯を割り箸ではさんで固定し、固ま
るまで置いておく。

9

ビーカーに残っているソイワックスを
再び加熱して 70 〜 70℃にしたら、表
面が平らになるように薄く流し込む。
POINT 最後に少しソイワックスを加えるこ
とで表面が平らになり、美しく仕上がる。

10

ソイワックスが固まったら完成。

Arrange

アレンジ

アジサイの花の色をアンティークパープルにかえて作ります。

アジサイ
（アンティークパープル）

シルバーデイジーのゴージャスキャンドル (p.53)

材料 (1個分・直径7㎝×高さ9㎝)

ワックス	土台用 パラフィンワックス [融点58℃] (171g) (95%) ＋ステアリン酸 (9g) (5%) ……… 180g	
	周り用 パラフィンワックス [融点69℃] (190g) (95%) ＋ステアリン酸 (10g) (5%) ……… 200g	
	ディッピング用 パラフィンワックス [融点58℃] (475g) (95%) ＋ステアリン酸 (25g) (5%) ……… 500g程度	
芯	キャンドル芯 (LX-10)	
染料(p.15)	なし	
花材	❶オレガノサンタクルーズ	
	❷ミニシルバーデージー (フランボワーズ)	
	❸ミニシルバーデージー (ライトパープル)	
	❹アジサイ (オレガノピンク)	
	❺アジサイ (ピンクライム)	

下準備 (p.16)
• アジサイは小房に分ける。
• オレガノサンタクルーズは小枝に分ける。

道具

基本の道具 (p.20)、鍋しき
• ポリカーボネート製モールド (土台用) [直径5×高さ9㎝]
• ポリカーボネート製モールド (周り用) [直径7×高さ10.5㎝]

Finished sample
仕上がり見本

写真を仕上がりの参考にして作ってみましょう。

❶オレガノ
サンタクルーズ

❹アジサイ
(オレガノピンク)

❺アジサイ
(ピンクライム)

❷ミニシルバーデージー
(フランボワーズ)

❸ミニシルバーデイジー
(ライトパープル)

作り方

モールディング (p.22)

1

芯は切らない

土台用のワックスで p.22「モールディング」と同じキャンドルを作る。ただし底から出ている芯はまだ切らずに残しておく。

芯をセットする (p.13)

2

周り用のモールドの芯穴に、**1**のキャンドルの上になる側の芯を通す。

3

芯を引っ張り、キャンドルが周り用のモールドの中央にきちんと設置できたことを確認したら、ねり消しで固定する。

花材を入れる

4

中に設置したキャンドルとモールド
の間に花材を詰める。長いピンセッ
トを使い、バランスを見ながらすき
間なく詰めていく。

5

花材を詰めたところ。

モールディング（p.22）

6

周り用のワックスを加熱して溶かし、
95〜100℃にしたら、**5**のモールドに
流し込み、しっかり固める。

7

ワックスが固まったら芯を引っ張り、
モールドから出す。

8

底から出ている芯をはさみで切る。

ディッピング（p.28）

9

ディッピング用のワックスを加熱し
て溶かし、95〜100℃にしたら、鍋
しきの上に置く。

10

キャンドルの芯を持ち、**9**のディッピ
ング用のワックスにかぶるまで浸す。

11

そのままキャンドルを軽く左右に揺
らす。

12

キャンドルの表面のワックスが溶け
て花びらが出てきたら、引き上げる。
何度か様子を見ながら繰り返す。

13

しっかり花材が表面に現れたら、クッ
キングシートの上に置いて冷ます。

14

完成。

フレンチマリアンヌのランタン

中に小さなキャンドルを灯して使うランタンは、
柔らかく手元を照らしてくれます。
夕暮れどきの薄明りから、ランタンを灯してみてください。
暗くなるにつれて存在感を増す光を楽しみながら、贅沢な時間を感じられるはず。

how to make → p.60

11
ハートの小窓の
ハーバリウム風キャンドル

花を閉じ込めたハート形のゼリーワックスを
円柱キャンドルに入れ込み、
ハーバリウムのように仕上げました。
ビビットカラーのライスフラワーとティートリーで、
甘くなりすぎない大人の雰囲気に。

how to make → **p.62**

10 | フレンチマリアンヌのランタン (p.58)

材料 (1個分・縦7.5×横7.5×高さ9cm)

ワックス	**本体用** パラフィンワックス [融点69℃] (380g) (95%) +ステアリン酸 (20g) (5%) ……… 400g
	ディッピング用 パラフィンワックス [融点58℃] (380g) (95%) +ステアリン酸 (15g) (5%) ……… 300g
染料 (p.15)	コーラル
花材	❶フレンチマリアンヌ (イエローピンク)
	❷ストーベ (グリーン)
	❸モリソニア (ホワイトグリーン)
	❹ハッピーフラワー (レッド)

下準備 (p.16)
- フレンチマリアンヌは茎を切る。
- ストーベ、モリソニア、ハッピーフラワーは、それぞれ花ごとにグルーで束ねる。

Finished sample
仕上がり見本
写真を仕上がりの参考にして作ってみましょう。

正面

❷ストーベ (グリーン)

❸モリソニア (ホワイトグリーン)

❶フレンチマリアンヌ (イエローピンク)

❹ハッピーフラワー (レッド)

上

その他	ティーライトキャンドル

道具

基本の道具 (p.20)、グルースティック、グルーガン
- バット [縦12.5×横15.4×深さ1.7cm]
- アルミ製モールド [縦7.5×横7.5×高さ9cm]

作り方

モールディング (p.22)

1

モールドの芯穴をねり消しでふさぎ、型の下にバットをしく。
POINT モールドの内側にオイルを塗る (p.25)。アルミ製のモールドは熱伝導が早く、熱くなるので、下にバットをしいておく。

2

本体用のワックスを加熱して溶かし、75～80℃にしたら、**1**のモールドに流し込む。

3

モールドのふちから1.5cmほどの幅で白濁が濃くなってきたら、その部分に沿ってカッターを入れ、四角にくりぬく。

4

くりぬいた部分を竹串などで取り、ビーカーに戻す。

5

モールドの中の液体状のワックスもビーカーに戻す。

6

内側のふちについた余分なワックスを竹串をすべらせて取り、ビーカーに戻す。

7

しばらく置いておき、ワックスをしっかり固める。

8

モールドからワックスを取り出す。

9

バットをとろ火で加熱し、**8**で取り出したランタンの上部を押し当てて溶かす。こうすることで上部を平らにする。

ディッピング（p.28）

10

ディッピング用のワックスを加熱して溶かす。染料を入れて色をつけ、75〜80℃にする。

11

10のディッピング用のワックスにランタンの底の角を浸し、色をつける。4角すべて浸し、好みの濃さになるまで繰り返す。

花材をつける

12

ランタンの側面にストーベ、モリソニア、ハッピーフラワー、フレンチマリアンヌの順に重なるようにグルーで仮留めする。

13

接着剤でしっかり花材を固定する。

仕上げ

14

ランタンの底に、アルミホイルを小さく折りたたんでしく。

POINT 中に入れるティーライトキャンドルとランタンの癒着防止のため。

15

アルミホイルの上にティーライトキャンドルを置いて、完成。

11 | ハートの小窓のハーバリウム風キャンドル (p.59)

材料 (1個分・直径7×高さ9cm)

ワックス	土台用 パラフィンワックス [融点58℃] (171g) (95%) ＋ステアリン酸 (9g) (5%) ……… 180g
	ハートの飾り用 ゼリーワックス [融点115℃] ……… 60g
	周り用 パラフィンワックス [融点58℃] (152g) (95%) ＋ステアリン酸 (8g) (5%) ……… 160g

芯　キャンドル芯 (LX-10)
染料(p.15)　ホワイト、ピンク
花材　❶ティートリー (コルサピンク)
　　　❷ライスフラワー (レッド)

道具　基本の道具 (p.20)
• バット [縦12.5×横15.4×高さ0.8cm]
• ポリカーボネート製モールド (土台用) [直径5×高さ9cm]
• ポリカーボネート製モールド (周り用) [直径7×高さ10.5cm]
• ハートのクッキー型 [縦6.5×横6.5×高さ4cm]
• 紙コップ [L×1個]

下準備 (p.16)
• ティートリー、ライスフラワーは4〜5cmに切る。

その他　消しゴム

Finished sample
仕上がり見本

写真を仕上がりの
参考にして
作ってみましょう。

❶ティートリー
（コルサピンク）
❷ライスフラワー
（レッド）

正面　横

作り方

モールディング (p.22)

1

芯は切らない

土台用のワックスでp.22「モールディング」と同じキャンドルを作る。ただし底から出ている芯はまだ切らずに残しておく。

芯をセットする (p.13)

2

周り用のモールドの芯穴に、**1**のキャンドルの上になる側の芯を通す。

3

芯を引っ張り、キャンドルが周り用のモールドの中央にきちんと設置できたことを確認したら、ねり消しで固定する。

ゼリーワックスでハートの飾りを作る

4

バットとハートのクッキー型にオイルを塗り、写真のように重ねる。

5

花材がクッキー型に入るように長さを切って調整し、配置する。確認したらいったん取り出す。

6

ハートの飾り用のワックスを加熱して溶かし、150℃にしたら、**5**のクッキー型に30g流し込む。

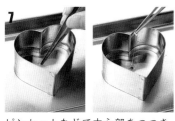

ピンセットなどで中心部をつつき、クッキー型の中のワックスが糸状にのびるかを確認する。

花材を入れる

5の花材をピンセットでクッキー型の中のワックスに埋め込む。
POINT 型の底面がデザインとして表に出る。

消しゴムなどで表面を押し、平らになるように整える。しっかり固まるまで置いておく。

固まったらクッキー型から出す。**4**〜**10**を繰り返し、ハートの飾りをもう1個（計2個）作る。

ハートの飾りをモールドに入れる

ハートの飾りの表面にオイルを塗り、モールドとキャンドルの間にハートの飾りを上下逆さにして入れる。
POINT ハートの飾りは正面と後ろで同じデザインになるように入れる向きと位置を意識する。

ワックスに色をつける (p.14)

染料（ピンク）を紙コップに削る。

色つきワックスを流し込む

周り用のワックスを加熱して溶かし、80〜85℃にしたら、**12**に注いで混ぜる。

11のモールドの中のキャンドルにかぶるまで**13**のワックスを流し込む。
POINT 余ったワックスは紙コップにそのまま残して固める。

芯を割り箸ではさんで固定し、しっかり固まるまで置いておく。

仕上げ

紙コップに残して固めたワックスを取り出す。再び加熱して溶かし、85〜90℃にしたら、キャンドルの収縮部分に流し込み、穴を埋める。

ワックスが固まったら芯を引っ張り、モールドから出す。

底から出ている芯を切って、完成。

12

花びらいっぱいホイップキャンドル

ちぎれた花びらや葉っぱ、小さな実、がくの部分でも構いません。
作業中に出た花の断片は、捨てずに集めておきましょう。
ワックスと一緒にホイップすれば、カラフルなキャンドルのできあがり！

how to make → p.66

13

押し花のボトルキャンドル

庭に咲く草花を本にはさみ、1週間ほど置くと、
立派な手作り素材になります。
アンティークボトルで型取りしたキャンドルも、
押し花に合わせて優しい色のグラデーションに。

how to make → p.68

12 | 花びらいっぱいホイップキャンドル (p.64)

材料 (1個分・直径7×高さ7.5cm)

ワックス	外側用 パラフィンワックス [融点58℃] ……… 100g	
	内側用 パラフィンワックス [融点58℃] ……… 50g	
	ソイワックス ソフト ……… 70g	
芯	キャンドル芯（LX-12）	
染料 (p.15)	ホワイト	
	ピンク	
花材	様々な花びら、小花のヘッド、葉など	

下準備 (p.16)
• すべて細かくちぎって混ぜておく。

その他　座金（小）

道具

基本の道具 (p.20)
• 紙コップ [M×2個、L×1個]

さまざまな色の花びらや
小花のヘッド

作り方

外側用のワックスに色をつける (p.14)

1

紙コップ（M）に染料（ホワイト）を
削る。

2

外側用のワックスを加熱して溶かし、
70℃前後にしたら、**1**の紙コップに注
いで混ぜる。

花材を入れる

3

2のワックスにちぎった花材をたっぷ
り入れる。

ホイッピング (p.23)

4

花材ごと割り箸で混ぜて、硬めのシェイク状にホイップする。

5

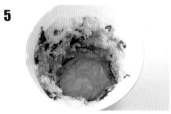

4のワックスを紙コップ（L）の内側につけていき、厚さ5mm程度の壁を作る。

芯をセットする (p.13)

6

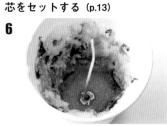

芯に座金をつけ、**5**の紙コップの底に固定する。

POINT 紙コップの底はワックスが溜まった状態になっているので、そこに座金を固定する。

7

内側用のパラフィンワックスをペレット状のまま、ホイップしたワックスの壁の7分目まで詰める。

ワックスに色をつける (p.14)

8

紙コップ（M）に染料（ピンク）を削る。

9

内側用のソイワックスを加熱して溶かし、65〜70℃にしたら、**8**の紙コップに注いで混ぜる。

モールディング (p.22)

10

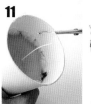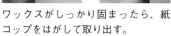

7の紙コップに**9**のワックスを流し込む。

11

ワックスがしっかり固まったら、紙コップをはがして取り出す。

12

完成。

Arrange
アレンジ

外側用のワックスは染料（ロイヤルブルー）(p.15) で色をつけ、内側用のソイワックスは色をつけずに作ります。

染料（なし）

染料（ロイヤルブルー）

13 | 押し花のボトルキャンドル (p.65)

材料 （1個分・直径 5 × 高さ 19cm）※直径は底を示す。

ワックス 　ホイッピング用 パラフィンワックス [融点 58℃] ……… 60 g
　　　　　 モールディング用 パラフィンワックス [融点 58℃] (171 g) (95%) ＋ステアリン酸 (9 g) (5%) ……… 180 g
　　　　　 ディッピング用 パラフィンワックス [融点 58℃] (285 g) (95%) ＋ステアリン酸 (15 g) (5%) ……… 300 g
芯　　　　 キャンドル芯 (LX-8)
染料 (p.15)　ホワイト
　　　　　 ブラウン
　　　　　 ライムグリーン
　　　　　 セージグリーン
花材　　　 ❶ナズナの押し花
　　　　　 ❷ソバの押し花

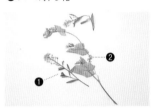

道具　基本の道具 （p.20）、スティックのり、輪ゴム
　　・シリコーンモールド （瓶を原型にして作ったもの）
　　　[縦 8 × 横 8 × 高さ 19cm]
　　・紙コップ [S × 2 個、L × 1 個]

Finished sample
仕上がり見本
写真を仕上がりの参考にして作ってみましょう。

正面　　　　後ろ

❶ナズナの
押し花　　　　❷ソバの
　　　　　　　押し花

作り方

モールドを準備する

1

モールドに輪ゴムをかける。
POINT 立体形のシリコーンモールドは、ワックスを注いだときにもれないように輪ゴムで留めておく。

ホイッピング用のワックスに色をつける (p.14)

2

紙コップ (S) 2 個に、それぞれ染料（ブラウン＋ライムグリーン）（ホワイト）を削る。
POINT 染料のブラウンとライムグリーンは 1：5 で混ぜる。

3

ホイッピング用のワックスを加熱して溶かし、70℃前後にしたら、**2** の紙コップにそれぞれ 30 g ずつ注いで混ぜる。

ホイッピング (p.23)

4

3 のワックスを 1 色ずつ交互に割り箸で混ぜて、硬めのシェイク状にホイップする。

5

ホイップしたワックス（ブラウン＋ライムグリーンのほう）を **1** のモールドの内側に厚さ5mm程度でまだら模様につけていく。

6

ホイップしたワックス（ホワイトのほう）もまだら模様につけていく。

芯をセットする (p.13)

7

モールドの芯穴から芯を通し、2cmくらい出して折りたたんでおく。

モールディング用のワックスに色をつける (p.14)

8

紙コップ（L）に染料（セージグリーン）を削る。

9

モールディング用のワックスを加熱して溶かし、75〜80℃にしたら、8の紙コップに注いで混ぜる。

モールディング (p.22)

10

モールドに9のワックスをギリギリまで流し込む。芯を割り箸ではさんで固定し、ワックスが固まるまでしばらく放置する。POINT 余ったワックスは紙コップにそのまま残して固める。

11

紙コップに残したワックスが固まったら、紙コップをやぶって取り出す。

12

取り出したワックスを再び加熱して溶かし、85℃〜90℃にしたら、キャンドルの収縮部分に流し込み、穴を埋める。

13

しっかり固まったらキャンドルをモールドから出す。底から出ている芯をはさみで切る。

花材をつける

14

取り出したキャンドルの側面に花材をスティックのりで貼りつける。

ディッピング (p.28)

15

ディッピング用のワックスを加熱して溶かし、85〜90℃にしたら、押し花を貼った部分をディッピングし、コーティングする。

16

質感をそろえるため、キャンドルの上部もディッピングする。ワックスが固まったら、完成。

Arrange
アレンジ

ホイップ用のワックスは染料（スカイブルー）(p.15) と（ライムグリーン）(p.15) で色をつけます。さらに花材はピンクのソバの押し花にかえて作ります。

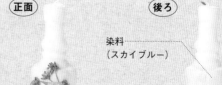

正面 / 後ろ

染料（スカイブルー）
ソバの押し花（ピンク）
染料（ライムグリーン）

CHAPTER 2／ボタニカルキャンドル

69

3

ボタニカル
サシェ

Botanical Sachets

香りを楽しむインテリアのボ
タニカルワックスサシェに、
もっといろいろなデザインが
できたら……そんな思いから
生まれた 10 のテクニックを
載せています。

もこもこした質感の可愛いサ
シェ、美しい蝶の模様が埋め
込まれたサシェ、宝石のよう
にきらめくサシェなど、花や
香りを選ぶ楽しみに加え、作
る楽しみもいっぱいです。

how to make → p.74

01

フレームをつけたクラシックサシェ

香り ‖ ラベンダー

クラシックなイメージのサシェには、フレームをつけて植物標本のようにしてみましょう。
安眠をもたらすラベンダーの香りをつけてベッドルームに吊るせば、
とってもいい夢が見られそう。

02

水玉模様のキュートサシェ

香り ‖ オレンジスイート

丸いぽんぽん小菊にぷっくりとした水玉模様がキュート。
ポップなデザインに合わせて、甘くフレッシュな香りの
オレンジスイートの精油を混ぜて作りましょう。
エントランスに置いて、お出かけのときの気分を上げて！

how to make → p.76

01 フレームをつけたクラッシックサシェ (p.72)

材料 （1個分・縦 12 ×横 8 ×厚さ 0.7㎝）

ワックス 　モールディング用 ソイワックス ハード ……… 60 g
　　　　　 ディッピング用 パラフィンワックス［融点 58℃］（190 g）（95％）＋ステアリン酸（10 g）（5％）……… 200 g
染料（p.15）　イエロー、ブラウン
花材　　　　 ❶ロータスプリムストーン
　　　　　　 ❷リンフラワーミニ

下準備 (p.16)
・ロータスプリムストーン、リンフラワーミニともに 3 〜 4㎝に切る。

精油　　　　 ラベンダー
その他　　　 ハトメ（ゴールド）、タッセル（ゴールド）、リボン（ゴールド
　　　　　　 ／長さ 22㎝）、アクリル絵の具（ゴールド）

ハトメは表側のみ使う。

道具

基本の道具 (p.20)
・オーバル形のシリコーンモールド［縦 12 ×横 8 ×深さ 0.7㎝］

Finished sample
仕上がり見本
写真を仕上がりの参考にして
作ってみましょう。

❷リンフラワー
　ミニ

❶ロータス
　プリムストーン

作り方

ワックスを溶かす・精油を入れる (p.18)

1

モールディング用のワックスを加熱
して溶かし、75 〜 80℃にしたら、精
油を入れて混ぜる。

モールディング (p.22)

2

1のワックスをモールドに流し込む。

花材を入れる

3

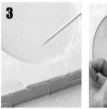

ワックスの表面に薄い膜が張ってき
たら、竹串で膜を破り、花材を埋め
込む。

4

（画像）

すべての花材を埋め込んだところ。

リボンとタッセルを通す穴を開ける

5

ワックスが固まってきたら、あたた
かいうちに上部にストローでリボン
を通す穴を開ける。

6

ワックスの下部に竹串の後ろでタッ
セルを通す穴を開ける。

モールドから出す

7

ワックスがしっかり固まったらモールドから出す。

8

モールドから出したところ。

ディッピング (p.28)

9

ディッピング用のワックスを加熱して溶かす。染料を入れて色をつけ、75℃にする。

POINT 染料のイエローとブラウンは3：1で混ぜる。

10

8を9のワックスにディッピングし、少しずつずらしながらふちに色をつけていく。

11

垂れてきたディッピング用のワックスを指でぬぐう。

POINT 垂れたワックスは高温ではないので指でぬぐってOK。

12

好みの色になるまで10、11を2〜3回繰り返す。色が決まったらワックスが固まるまでしばらく置いておく。

仕上げ

13

アクリル絵の具を竹串にとり、文字（Botanic）を書く。乾くまで置いておく。

14

上部の穴にハトメを接着剤でつける。リボンを通したら、下部の穴にタッセルのひもを通して、完成。

POINT タッセルを通す穴は小さいので、穴がふさがっていたら竹串で開け直す。

Arrange
アレンジ

ディッピング用のワックスの染料をラベンダー（p.15）に、さらに花材のリンフラワーミニをイモーテルにかえて作ります。また、文字はシルバーのアクリル絵の具で「Sashet」に変更。タッセルもシルバーに変更して作ります。

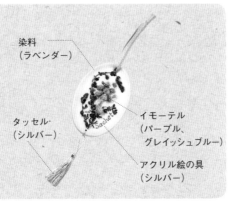

染料（ラベンダー）
タッセル（シルバー）
イモーテル（パープル、グレイッシュブルー）
アクリル絵の具（シルバー）

02 │ 水玉模様のキュートサシェ (p.73)

材料 (1個分・直径 7.4 ×厚さ 0.7cm)

ワックス　[モールディング用] ソイワックス ハード ……… 40 g
　　　　　[ドット柄用] パルバックス ……… 30 g
染料(p.15)　スカイブルー
　　　　　　イエロー
花材　　　❶小菊（ピンク）
　　　　　❷小菊（グリーン）
　　　　　❸クリスパム（ピンク）

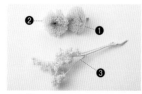

下準備 (p.16)
• クリスパムは太い茎を切って小房に分ける。
• 小菊は茎を切る。

精油　　　オレンジスイート
その他　　ハトメ（ゴールド）、
　　　　　リボン（水色／長さ 22cm）

ハトメは表側のみ使う。

道具

基本の道具 (p.20)
• 円形のモールド［直径 7.4 ×深さ 0.7cm］
• 紙コップ［Ｓ× 2 個］

Finished sample
仕上がり見本
写真を仕上がりの参考にして作ってみましょう。

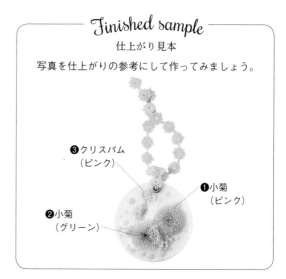

❸クリスパム
（ピンク）

❶小菊
（ピンク）

❷小菊
（グリーン）

作り方

ワックスを溶かす・精油を入れる (p.18)

1

モールディング用のワックスを加熱して溶かし、75 〜 80℃にしたら、精油を入れて混ぜる。

モールディング (p.22)

2

モールドに**1**のワックスを流し込む。

3

ワックスを入れたところ。

花材を入れる

4

ワックスの表面に薄い膜が張ってきたら、竹串で膜を破り、花材を埋め込む。

5

すべての花材を埋め込んだところ。ワックスが固まるまでしばらく置いておく。

ドット柄用のワックスに色をつける (p.14)

6

紙コップ 2 個にそれぞれ染料（スカイブルー）（イエロー）を削る。

7

ドット柄用のワックスを加熱して溶かし、80〜85℃にしたら、**6**の紙コップにそれぞれ半量ずつ（15g）注ぎ、混ぜる。

色つきワックスでドット柄を描く

8

割り箸の先に**7**の色つきワックス（スカイブルー）をつけたら、**5**のワックスの表面に垂らしてドット柄を描く。

9

8と同様に、色つきワックス（イエロー）でもドット柄を描く。

10

ドット柄を描き終えたところ。ワックスが固まるまでしばらく置いておく。

モールドから出す

11

ワックスが完全に固まったらモールドから出す。

12

モールドから出したところ。

仕上げ

13

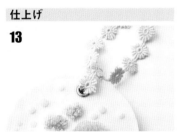

上部の穴にハトメを接着剤でつける。リボンを通したら、完成。

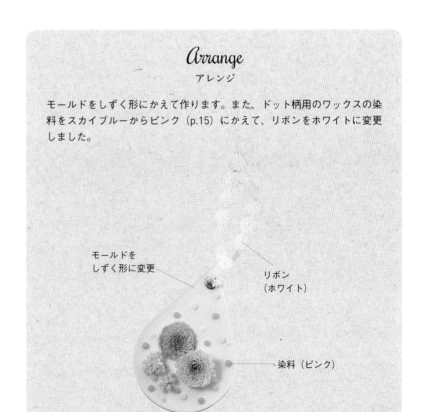

Arrange
アレンジ

モールドをしずく形にかえて作ります。また、ドット柄用のワックスの染料をスカイブルーからピンク（p.15）にかえて、リボンをホワイトに変更しました。

モールドを
しずく形に変更

リボン
（ホワイト）

染料（ピンク）

03

甘い香りに舞う蝶々のサシェ

香り ‖ イランイラン＋オレンジスイート

大きめのお菓子のクッキー型があれば、
専用のモールドがなくても素敵なサシェが作れます。
大きく開かせたバラの花１輪を大胆に飾りましょう。
蝶が軽やかに舞っているかのような
ニュアンスを羽根につけて。

how to make → p.80

04

ふかふかお月さまのホイップサシェ

香り ‖ パルマローザ＋ジャスミン

休日のおうち時間に、お姫様気分になれるサシェはいかがでしょう？
メルヘンの世界にうっとりと浸れる、
パルマローザ＋ジャスミンの香りで大人かわいい演出を。

how to make → p.82

03 | 甘い香りに舞う蝶々のサシェ (p.78)

材料 (1個分・横7.5×縦7×厚さ1cm)

ワックス	パラフィンワックス［融点58℃］(72g)(90%) ＋マイクロスタイリンワックスソフト(8g)(10%) ……… 80g
染料(p.15)	なし
花材	ビビアンローズ（ピンク）

下準備 (p.16)
• ビビアンローズは花びらを開いておく。

精油	イランイラン＋オレンジスイート（3：2）
その他	ハトメ（真鍮）、リボン（ブラウン／適量）

ハトメは表側のみ使う。

道具

基本の道具 (p.20)、スタンプ、スタンプインク（パープル）
• バット［縦12.5×横15.4×深さ1.6cm］
• 蝶形のクッキー型［横7.5×縦7×高さ3cm］

Finished sample
仕上がり見本
写真を仕上がりの参考にして作ってみましょう。

ビビアンローズ
（ピンク）

作り方

ワックスを溶かす・精油を入れる (p.18)

1

ワックスを加熱して溶かし、70〜75℃にしたら、精油を入れて混ぜる。

シーティング (p.24)

2

1のワックスをバットに流し込み、ワックスシートを作る。
POINT バットにはオイルを塗っておく(p.25)。

花材を入れる

3

流し込んだ**2**のワックスにビビアンローズをのせる。

ワックスシートを型で抜く (p.25)

4

ワックスシートが羊羹くらいの硬さになったら、ビビアンローズが中央にくるようにクッキー型を置く。

5

ワックスシートをゆっくりとクッキー型で抜く。

6

もう1つ蝶をクッキー型で抜く。

7

型で抜いた周りのワックスを竹串などで取る。
POINT 取ったワックスはビーカーなどに入れて残しておく。

8

蝶のワックスシートが2枚できたところ。

リボンを通す穴を開ける

9

蝶の羽根の端にストローでリボンを通す穴を開ける。

スタンプを押す

10

ビビアンローズをのせた方の左上の羽根にスタンプを押す。

ワックスシートを2枚重ねる

11

蝶のワックスシートをバットからはがす。

12

7で取った周りのワックスを再び加熱して溶かし、85〜90℃にしたら、割り箸の先につけて、ビビアンローズをのせていないほうのワックスシートの表面に垂らす。

13

垂らしたワックスが固まりきらないうちに、ビビアンローズをのせたほうのワックスシートを重ねる。

ニュアンスをつける

14

上に重ねたワックスシートの羽根を指で持ち上げて、ニュアンスをつける。

仕上げ

15

左上の羽根の穴にハトメを接着剤でつける。リボンを通して、完成。

Arrange
アレンジ

写真左は染料をピンク（p.15）に、写真右はラベンダー（p.15）にかえて作ります。それぞれの色に合わせて、ビビアンローズの色もかえて作りましょう。

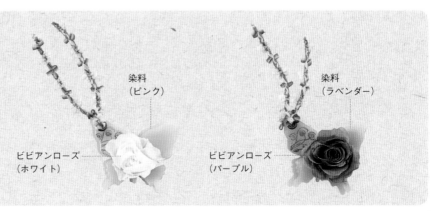

染料（ピンク）
ビビアンローズ（ホワイト）
染料（ラベンダー）
ビビアンローズ（パープル）

04 | ふかふかお月さまのホイップサシェ (p.79)

材料 （1個分・縦 12 ×横 10 ×厚さ 0.7cm）

ワックス	モールディング用 パラフィンワックス [融点 58℃] (28.5g) (95％) ＋ステアリン酸 (1.5g) (5％) ……… 30g
	ホイッピング用 パラフィンワックス [融点 58℃] ……… 40g
染料 (p.15)	スカイブルー
	ピンク
花材	❶クリスパム （ピンク）
	❷アジサイ （ピンクホワイト）
	❸フレンチマリアンヌ （ピンク）
	❹フレンチマリアンヌ （ブルー）

下準備 (p.16)
- フレンチマリアンヌは茎を切る。
- クリスパム、アジサイは太い茎を
  切り、小房に分ける。

精油	パルマローザ＋ジャスミン （4：1）
その他	リボン （ピンク／長さ 27cm）

道具

基本の道具 (p.20)
- 月形のシリコーンモールド [縦 12 ×横 10 ×深さ 0.7cm]
- 紙コップ [Ｓ×2 個]

Finished sample
仕上がり見本

写真を仕上がりの参考にして作ってみましょう。

❷アジサイ
（ピンクホワイト）

❶クリスパム
（ピンク）

❹フレンチマリアンヌ
（ブルー）

❸フレンチ
マリアンヌ
（ピンク）

作り方

ワックスを溶かす・精油を入れる (p.18)

1
モールディング用のワックスを加熱
して溶かし、75 〜 80℃にしたら、精
油を入れて混ぜる。

モールディング (p.22)

2
1のワックスをモールドに流し込む。

3
ワックスを流したところ。

ホイッピング用のワックスに色をつける (p.14)

4
紙コップ2個にそれぞれ染料（スカ
イブルー）（ピンク）を削る。

5
ホイッピング用のワックスを加熱し
て溶かし、70℃前後にしたら、4の
紙コップにそれぞれ半量ずつ（20g）
注いで混ぜる。

ホイッピング (p.23)

6
5のワックスを1色ずつ交互に割り
箸で混ぜて、硬めのシェイク状にホ
イップする。
POINT 色が混ざらないように割り箸は色
ごとに分ける。

7

ホイップして硬めのシェイク状になったところ。

8

ホイップしたワックス（スカイブルーのほう）をモールドの下部に入れる。

9

割り箸で表面を均一な厚みにならす。
POINT もこもこ感をなくさないために、割り箸でつつくようにして厚みを整える。

10

ホイップしたワックス（ピンクのほう）を **9** のモールドの上部に入れる。

11

9 と同様に、割り箸で表面を均一な厚みにならす。

12

2色のワックスの境目を割り箸でつついてなじませる。

花材を入れる

13

モールドの中央と下あたりにフレンチマリアンヌを埋め込む。
POINT ワックスが柔らかいうちに手早く埋め込む。

14

フレンチマリアンヌの周りにバランスよくアジサイ、クリスパムを埋め込む。

リボンを通す穴を開ける

15

上部にストローでリボンを通す穴を開ける。

モールドから出す

16

ワックスが完全に固まったらモールドから出す。

仕上げ

17

上部の穴にリボンを通したら、完成。

アースカラーのストライプサシェ

香り ‖ ティートリー＋レモン

シャープなデザインが好きな方にぴったりな、ストライプ模様のワックスサシェ。
ストライプの太さをかえたり、クロスにしたり、斜めにしたり……。
いろいろなデザインを作ることができます。

how to make → p.86

06

カモミールの香りアップリケサシェ

香り‖カモミール

春から初夏をイメージした、繊細な蝶のワックスサシェです。
ちょうどその頃に咲く、カモミールの香りを選びました。
ベッドサイドやリビングルームの癒しアイテムとしておすすめです。

how to make → p.88

05 アースカラーのストライプサシェ (p.84)

材料 (1個分・縦 11.5 ×横 7 ×厚さ 1cm)

ワックス	パラフィンワックス［融点 58℃］(32 g)(40%) ＋ミツロウ (48 g)(60%) ……… 80 g
染料(p.15)	ブラック ホワイト ブラウン
花材	❶アジサイ（レッド） ❷ブルーム（レッド） ❸トータムフィーメイル（レッド）

道具

基本の道具（p.20）、グルースティック、グルーガン、カッターマット、定規
- シリコーンモールド
  ［縦 11.5 ×横 7 ×深さ 1cm］
- 紙コップ［M × 2 個］

下準備 (p.16)
- アジサイはグルーで束にする。
- トータムフィーメイルは 4 〜 7cm に切る。
- ブルームは 6 〜 8cm に切って、グルーで束にする。

精油	ティートリー＋レモン（3：1）
その他	レースリボン（チャコールグレー／長さ 18cm）

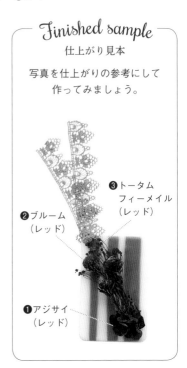

❸トータムフィーメイル（レッド）

❷ブルーム（レッド）

❶アジサイ（レッド）

作り方

ワックスに色をつける (p.14)・精油を入れる (p.18)

1
紙コップに 3 色の染料を削る。
POINT 染料のブラック、ホワイト、ブラウンは 1：1：4 で混ぜる。

2
ワックスを加熱して溶かし、75 〜 80℃にしたら、精油を入れて混ぜる。

3
1の紙コップに**2**のワックスを 40g 注いで混ぜる。
POINT 余ったワックスはビーカーにそのまま残しておく。

モールディング (p.22)

4
3のワックスをモールドに流し込む。

5
ワックスが羊羹くらいの硬さになったら、モールドから出す。

ワックスを切る

6
5をカッターマットに置き、定規を添えてカッターナイフでスティック状に切る。
POINT 太さは自由でよいのでバランスを考えて切る。

ストライプ柄を作る

7

切ったスティックを3本選び、モールドに戻す。間隔を開けて並べ、しっかり押しつける。
POINT このあとに流すワックスが、スティックの底とモールドの間に入り込まないように、しっかりと押しつける。

ワックスに色をつける（p.14）・精油を入れる（p.18）

8

紙コップに染料（ホワイト）を削る。

9

ビーカーに残っているワックスを加熱して75〜80℃にしたら、精油を入れる。

10

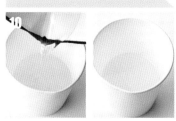

8の紙コップに9のワックスを注いで混ぜる。

モールディング（p.22）

11

7のモールドに10のワックスを流し込む。

リボンを通す穴を開ける

12

ワックスが羊羹くらいの硬さになったら、角にストローで穴を開ける。

モールドから出す

13

ワックスが完全に固まったらモールドから出す。

14

モールドから出したところ。

花材をつける

15

14にブルーム、トータムフィーメイル、アジサイの順に重ねてグルーで仮留めする。さらに接着剤で補強する。

仕上げ

16

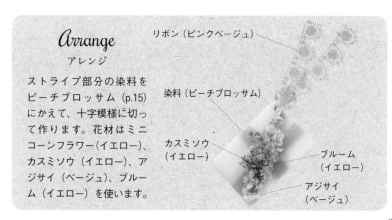

上部の穴にリボンを通して、完成。

Arrange
アレンジ

ストライプ部分の染料をピーチブロッサム（p.15）にかえて、十字模様に切って作ります。花材はミニコーンフラワー（イエロー）、カスミソウ（イエロー）、アジサイ（ベージュ）、ブルーム（イエロー）を使います。

リボン（ピンクベージュ）
染料（ピーチブロッサム）
カスミソウ（イエロー）
ブルーム（イエロー）
アジサイ（ベージュ）

06 カモミールの香りのアップリケサシェ (p.85)

材料 (1個分・縦 9.5 ×横 5.5 ×厚み 0.8cm)

ワックス	アップリケ用 パラフィンワックス [融点 58℃] (18ｇ) (90%) ＋マイクロスタイリンワックス ソフト (2ｇ) (10%) ‥‥‥ 20ｇ
	プレート用 パラフィンワックス [融点 58℃] (8ｇ) (40%) ＋ミツロウ (12ｇ) (60%) ‥‥‥ 20ｇ
染料(p.15)	ピーチブロッサム
	ライムグリーン
	ハンターグリーン
	シーフォームグリーン
花材	❶モリソニア (ピンクグリーン)
	❷クリスパム (イエロー)

下準備 (p.16)
- モリソニアは 3～4cmに切り、グルーで束にする。
- クリスパムは茎を切って小房に分ける。

精油　カモミール
その他　リボン (水色／長さ 20cm)、細リボン (ゴールド／長さ 5cmを 2本)、ハトメ (ゴールド)、アクリル絵の具 (コバルトブルー)

ハトメは表側のみ使う。

道具

基本の道具 (p.20)、グルースティック、グルーガン
- 六角形のシリコーンモールド [縦 9.5 ×横 5.5 ×深さ 0.8cm]
- 蝶形のシリコーンモールド 大 [縦 3.5 ×横 3 ×深さ 0.3cm]
　　　　　　　　　　　　　中 [縦 2.5 ×横 2.3 ×深さ 0.3cm]
　　　　　　　　　　　　　小 [縦 1.5 ×横 1.5 ×深さ 0.3cm]
- 紙コップ [S × 4個]

Finished sample

仕上がり見本

写真を仕上がりの参考にして作ってみましょう。

❶モリソニア (ピンクグリーン)

❷クリスパム (イエロー)

作り方

アップリケ用のワックスに色をつける (p.14)・モールディング (p.22)

1

紙コップに染料 (ライムグリーン) を削る。

2

アップリケ用のワックスを加熱して溶かし、85～90℃にしたら、**1**の紙コップに 10ｇ注いで混ぜる。

POINT 余ったワックスはそのままビーカーに残しておく。

3

2のワックスを蝶形のモールド大に流し込む。

4

ワックスが固まったら蝶形のモールドから出す。

5

染料 (ハンターグリーン)
染料 (ライムグリーン)
染料 (シーフォームグリーン)

ビーカーに残っているワックスで**3**、**4**と同様に型取りし、別サイズ (中、小) の蝶を作る。分量はハンターグリーンの染料にワックス 5ｇを混ぜ、残りをシーフォームグリーンの染料と混ぜる。

モールドにアップリケを並べる

6

六角形のモールドの中に、ライムグリーンとハンターグリーンの蝶を表を下にして並べる。

ワックスに色をつける（p.14）・精油を入れる（p.18）

7

紙コップに染料（ピーチブロッサム）を削る。

8

プレート用のワックスを加熱して溶かし、75〜80℃にしたら、精油を入れて混ぜる。

9

8のワックスを**7**の紙コップに注いで混ぜる。

モールディング（p.22）

10

9のワックスを**6**のモールドに流し込む。

11

ワックスが固まったらモールドから出す。

アップリケをつける

12

5で作ったシーフォームグリーンの蝶をグルーでつける。

花材をつける

13

束にしたモリソニアの茎に細リボンを結ぶ。

14

モリソニアの花束とクリスパムを、バランスを見て**12**のプレートにグルーで仮留めする。さらに接着剤で補強する。

仕上げ

15

アクリル絵の具を水で溶き、指でプレートのふちに塗る。

16

上部の穴にハトメを接着剤でつける。リボンを通したら、完成。

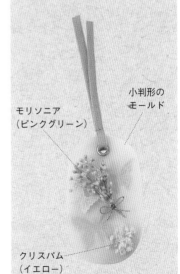

Arrange
アレンジ

プレート用のモールドを小判形にかえて作ります。蝶形のアップリケや花材の位置はバランスを見て調整しましょう。

モリソニア（ピンクグリーン）

小判形のモールド

クリスパム（イエロー）

CHAPTER 3／ボタニカルサシェ

89

ユーカリリーフの匂い袋

香り ‖ ユーカリ＋ラベンダー

ユーカリ＋ラベンダーの香りの木の葉を詰めて匂い袋に。
少し甘みのあるさわやかな香りが衣類を守ってくれます。
ぜひクローゼットや引き出しに使ってほしいアイテムです。

how to make → p.92

08

月夜のグラデーションサシェ

香り‖ジャスミン＋サンダルウッド

凛としたラピスラズリの紺色と、無垢な白色のグラデーションが
神秘的な雰囲気を醸し出すワックスサシェです。
心を落ち着かせる深みのある香りをつけて、ベッドルームの雰囲気作りに。

how to make → p.94

材料 （匂い袋1個分・リーフ大［縦3.5×横2cm］、リーフ小［縦2.5×横1.5cm］）

ワックス	パラフィンワックス［融点58℃］(27g)(90%)＋マイクロスタイリンワックス ソフト(10%) ……… 30g
染料(p.15)	セージグリーン
	ライムグリーン
	ハンターグリーン
	ロイヤルブルー
花材	❶イモーテル（イエロー）
	❷イモーテル（グリーン）

道具

- 基本の道具 (p.20)、太針
- リーフ形クッキー型　大［縦3.5×横2×高さ4.3cm］
  　　　　　　　　　小［縦2.5×横1.5×高さ4.3cm］
- 紙コップ［S×3個］

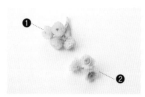

下準備 (p.16)
- イモーテルは茎を切る。

精油	ユーカリ＋ラベンダー (2:1)
その他	オーガンジーの巾着袋、銀糸

Finished sample
仕上がり見本
写真を仕上がりの参考にして作ってみましょう。

❶イモーテル（イエロー）
❷イモーテル（グリーン）

作り方

ワックスに色をつける (p.14)・精油を入れる (p.18)

1

紙コップ3個にそれぞれ染料（ライムグリーン）（セージグリーン）（ハンターグリーン＋ロイヤルブルー）を削る。
POINT 染料のハンターグリーン、ロイヤルブルーは5:1で混ぜる。

2

ワックスを加熱して溶かし、85～90℃にしたら、精油を入れて混ぜる。

3

1の紙コップ（ライムグリーン）（セージグリーン）に**2**のワックスをそれぞれ10gずつ注いで混ぜる。
POINT 余ったワックスはビーカーにそのまま残しておく。

シーティング (p.24)

4

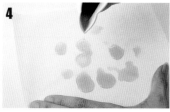

クッキングシートに**3**のワックス（ライムグリーン）をポタポタと垂らす。
POINT 紙コップを折って、注ぎ口を作ると垂らしやすい。

5

4と同様にして、**3**のワックス（セージグリーン）を、先に垂らしたワックス（ライムグリーン）の間をぬうようにポタポタと垂らす。

ワックスに色をつける (p.14)

6

ビーカーに残っているワックスを再び加熱して85～90℃にしたら、**1**の紙コップ（ハンターグリーン＋ロイヤルブルー）に注いで混ぜる。

シーティング (p.24)

7

5 の上に **6** のワックスをポタポタと垂らし、間を埋める。

ワックスシートを型で抜く (p.25)

8

ワックスが羊羹くらいの硬さになったら、クッキー型で抜く。
POINT バランスを見て、大小数枚ずつ作る。

9

すべてリーフ形に抜いたところ。

10

型で抜いた周りのワックスをはがしていく。

11

余分なワックスをはがし、リーフ形のワックスシートができたところ。

銀糸を通す穴を開ける

12

巾着袋の外につけるリーフ形のワックスシート大小1枚ずつに太針で穴を開ける。

ニュアンスをつける

13

ワックスがあたたかいうちに、指で曲げてニュアンスをつけていく。

14

13 と同様に、すべてのリーフ形のワックスシートにニュアンスをつける。

仕上げ

15

12 で穴を開けたリーフ形のワックスシート2枚とイモーテル（イエロー）1輪を残して、巾着袋の中に入れる。

16

銀糸に **12** で穴を開けたリーフ形のワックスシート2枚を通す。

17

銀糸で巾着袋の口を結ぶ。

18

銀糸を通した2枚のリーフ形のワックスシートの穴を隠すようにイモーテル（イエロー）1輪を接着剤でつけて、完成。

08 | 月夜のグラデーションサシェ (p.91)

材料（1個分・縦 12 ×横 10 ×厚さ 0.7cm）

ワックス	パラフィンワックス［融点 58℃］(16 g)(40%) ＋ミツロウ (24 g)(60%) ……… 40 g
染料(p.15)	ロイヤルブルー ピンク
花材	❶クチナシ（ホワイト） ❷フェザーグラス（ブルー） ❸フェザー（ホワイト）

下準備 (p.16)
- クチナシは茎を切る。
- フェザーグラスは 9 〜 12cmに切る。

精油	ジャスミン＋サンダルウッド（3：1）
その他	ラメ（シルバー）、ビジュー、ハトメ（ゴールド）、 リボン（ホワイト／長さ 22cm）

ハトメは表側のみ使う。

道具

基本の道具 (p.20)、新聞紙、グルースティック、グルーガン
- 月形のシリコーンモールド［縦 12 ×横 10 ×深さ 0.7cm］
- 紙コップ［Ｓ× 1 個］

Finished sample
仕上がり見本

写真を仕上がりの参考にして作ってみましょう。

❷フェザーグラス
（ブルー）

❶クチナシ（ホワイト）

❸フェザー
（ホワイト）

作り方

ワックスに色をつける (p.14)・精油を入れる (p.18)

1

紙コップに染料（ロイヤルブルー＋
ピンク）を削る。
POINT 染料のロイヤルブルー、ピンクは
3：1で混ぜる。

2

ワックスを加熱して溶かし、75℃〜
80℃にしたら、精油を入れて混ぜる。

3

1の紙コップに**2**のワックスを 15 g
注いで混ぜる。
POINT 余ったワックスはビーカーにその
まま残しておく。

モールディング（p.22）

4

新聞紙を折って、モールドの上半分が高くなるようにはさむ。**3**のワックスをモールドの下半分に流し込む。

5

ワックスを流したところ。このまま表面に薄い膜が張ってくるまでしばらく置いておく。

6

新聞紙を外してモールドを平らに置く。ビーカーに残っているワックスを再び加熱して75℃〜80℃にしたら、**5**のモールドの上部に流し込む。

リボンを通す穴を開ける

7

ワックスが羊羹くらいの硬さになったら、上部にストローで穴を開ける。

モールドから出す

8

ワックスが完全に固まったらモールドから出す。

花材をつける

9

8の表面にフェザーグラスをグルーで仮留めする。

10

つづいてクチナシをグルーで仮留めする。

11

フェザーをクチナシの下に沿うようにグルーで仮留めする。

仕上げ

12

表面にラメをちりばめる。

13

ラメ、フェザーグラス、クチナシをそれぞれ接着剤で補強する。

14

ビジューをクチナシの花びらに接着剤でつける。

15

上部の穴にハトメを接着剤でつける。リボンを通したら、完成。

きらめく宝石サシェ

香り‖フランキンセンス＋ベルガモット

ゼリーワックスにビーズを加えて、宝石のようなきらめきのサシェに。
ポプルスの葉の上に置けば、新しいタイプのワックスサシェとして目を引きます。
ワックスのカットの仕方を工夫すると、より一層輝きます。

how to make → p.98

10

ハート×ハートサシェ

香り｜ゼラニウム＋レモングラス

乙女心をくすぐる、キュートなサシェ。
ゼラニウム＋レモングラスの香りは、
女性らしい気持ちを高めてくれるほか、
大切な衣類を守ってくれます。
オーガンジーの袋に入れて、
ランジェリーボックスにおすすめです。

how to make → p.99

09 | きらめく宝石サシェ (p.96)

材料 (1個分・サイズは好みで)

ワックス	ゼリーワックス［融点 115℃］……… 50 g
染料(p.15)	なし
花材	ポプルス

精油	フランキンセンス＋ベルガモット（3：1）
その他	ビーズ（ゴールド、ピンク）

道具

基本の道具（p.20）
• バット［縦 6 ×横 5 ×深さ 2.5cm］

Finished sample
仕上がり見本
写真を仕上がりの参考にして作ってみましょう。

ポプルス

作り方

ワックスを溶かす・精油を入れる (p.18)

1

ワックスをはさみで 2 ～ 3cmのブロック状に切ってビーカーに入れる。
POINT ゼリーワックスははさみで細かく切ってから溶かすとよい。

2

1のワックスを加熱して溶かし、130 ～ 135℃にしたら、精油を入れて混ぜる。

シーティング (p.24)

3

2のワックスをバットに流し込む。

ビーズを入れる

4

流し込んだワックスにビーズを入れ、竹串などで押し込む。

バットから出す

5

ワックスが固まったらバットから取り出す。

仕上げ

6

取り出したワックスをはさみで適当な大きさに切る。ポプルスの上にのせて、完成。

10 | ハート×ハートサシェ (p.97)

材料（1個分・縦 15×横 4cm）

ワックス	モールディング用 パラフィンワックス［融点 58℃］（36 g）（90%）＋マイクロスタイリンワックス ソフト（4 g）（10%）……… 40 g
	ホイッピング用 パラフィンワックス［融点 58℃］……… 20 g
染料(p.15)	ラズベリー
	ホワイト
花材	❶アジサイ（パープル）
	❷アジサイ（ホワイト）
	❸サマーチェリー

下準備 (p.16)

• アジサイは太い茎を切り、小房に分ける。
• サマーチェリーはディッピングして、小房に分ける。

精油	ゼラニウム＋レモングラス（4：1）
その他	ハトメ、リボン（パープル／長さ 40cm を 2 本）

ハトメは表側のみ使う。

道具

基本の道具 (p.20)、グルースティック、グルーガン

• ハート形のシリコーンモールド　大［縦 4.5×横 4×深さ 0.5cm］
　　　　　　　　　　　　　　　　小［縦 2.5×横 2.5×深さ 0.5cm］
• 紙コップ［S×5 個］

Finished sample
仕上がり見本
写真を仕上がりの参考にして作ってみましょう。

❶アジサイ（パープル）
❷アジサイ（ホワイト）
❸サマーチェリー

作り方

ワックスに色をつける (p.14)・精油を入れる (p.18)

1

紙コップ 2 個に染料（ホワイト）（ラズベリー）をそれぞれ削る。

2

モールディング用のワックスを加熱して溶かし、75℃〜80℃にしたら、精油を入れて混ぜる。

3

1の紙コップ（ホワイトのほう）に**2**のワックスを 20 g 注いで混ぜる。
POINT 余ったワックスはそのままビーカーに残しておく。

モールディング (p.22)

4

3 のワックスをモールド（小4枚、大3枚）にそれぞれ少量ずつ流し込む。

5

モールドに流し込んだところ。ワックスが固まるまでしばらく置いておく。

ワックスに色をつける (p.14)

6

ビーカーに残っているワックスを再び加熱して 85 ～ 90℃にしたら、**1** の紙コップの染料（ラズベリーのほう）に注いで混ぜる。

モールディング (p.22)

7

6 のワックスを **5** のモールドに流し込む。

8

モールドに流し込んだところ。

リボンを通す穴を開ける

9

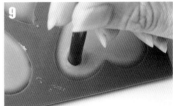

ワックスが羊羹くらいの硬さになったら、ハート大2枚の端にストローで穴を開ける。

ニュアンスをつける

10

ワックスが固まったらモールドから出す。ハート大のみ、ワックスがあたたかいうちに指で曲げてニュアンスをつける。

11

ハート大は同様の工程であと3枚（計6枚）作る（ストローで穴は開けない）。写真はすべてのハートのプレートを作ったところ。

ホイッピング (p.23)

12

ホイッピング用のワックスを加熱して溶かし、70℃前後にする。

13

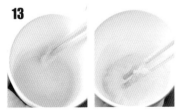

12 のワックスを割り箸で混ぜて、硬めのシェイク状にホイップする。

ホイップしたワックスをハート大ではさむ

14

ホイップしたワックスを **9** で穴を開けたハート大の上にのせる。

15

14 の上に、もう1枚の穴を開けたハート大をのせて押さえる。
POINT 2枚のハートの穴の位置が合うように重ねる。

花材を入れる

16

2枚のハート大のプレートでサンドしたホイップワックスに花材をさし込む。ハート大のプレートの向かって右側のみ飾る。

ハート大のプレートをつなげていく

17

14 と同様に、穴の開いていないハート大にホイップワックスをのせる。

18

17 の上に **16** の先をのせる。

19

18 のホイップワックスの上に別のハート大をのせ、押さえる。
POINT 穴の開いていないハート大で **16** のハートのパーツをサンドする。

20

16 と同様に、向かって右側のホイップワックスに花材をさし込む。

21

17〜**20** と同様に、残り2枚のハート大もつなげる。

ハート小をつける

22

ハート小4枚をグルーで仮留めする。

23

さらに接着剤で補強する。

仕上げ

24

上部の穴にハトメを接着剤でつける。リボンを通し、そのリボンにもう1本のリボンを結んだら、完成。

イベントに作りたい
ボタニカルキャンドル
&サシェ

Botanical candle & sachet for Events

いろいろなタイプのボタニカルキャンドルやサシェ
が作れるようになったら、イベントにちなんだ花と
香りで、季節を彩る作品に挑戦してみましょう。
母の日、ハロウィン、クリスマスをそれぞれイメー
ジした作品は、工程も多く、難しいものもあります
が、1つ1つ丁寧に進めていけば大丈夫。いつもと
違う演出で、イベントを盛り上げて。

01

My love for Mom
〜母の日の花束サシェ〜

香り ‖ ローズ＋ゼラニウム＋クラリセージ

カーネーションの花束を、
ボタニカルサシェにアレンジしてみましょう。
女性らしい優しさと華やかさのある香りとともに、
メッセージカードを添えてプレゼント。

how to make → p.105

01 | My love for Mom 〜母の日の花束サシェ〜 (p.104)

材料 (1個分・縦28cm×横12cm)

ワックス	パラフィンワックス［融点58℃］(104g)(80%) ＋マイクロスタイリンワックス ソフト (26g)(20%) ……… 130g
染料(p.15)	ピーチブロッサム
花材	❶ユーカリ（シルバー） ❷スタンダードカーネーション（パンナコッタ） ❸スタンダードカーネーション（ヘーゼルナッツ） ❹ティートリーファイン（ナチュラルホワイト） ❺ミニカスミソウ（シルバー）
精油	ローズ＋ゼラニウム＋クラリセージ（1:6:3）
その他	ワイヤー、アクリル絵の具（シルバー）、リボン（シルバー／長さ30cm）、リボンヤーン（ホワイト系／長さ25cm）

道具

基本の道具（p.20）、グルースティック、グルーガン、押し型
- バット［縦21×横21×深さ0.8cm］
- 紙コップ［L×1個］

押し型はシリコーン製の
シートタイプを使用。

下準備（p.16）
- スタンダードカーネーションは茎を切る。
- ユーカリ、ティトリーファイン、ミニカスミソウは20〜25cmに切る。

Finished sample
仕上がり見本

写真を仕上がりの参考にして
作ってみましょう。

❷スタンダード
カーネーション
（パンナコッタ）

❹ティートリーファイン
（ナチュラルホワイト）

❶ユーカリ
（シルバー）

❺ミニカスミソウ
（シルバー）

❸スタンダード
カーネーション
（ヘーゼルナッツ）

花材をまとめる

1

ティートリー、ユーカリの茎をワイヤーで束ねる。

2

1の上にスタンダードカーネーション2個をグルーでつける。

3

さらにカスミソウをバランスを見てグルーでつける。

ワックスに色をつける (p.14)・精油を入れる (p.18)

4

紙コップに染料を削る。

5

ワックスを加熱して溶かし、70〜75℃にしたら、精油を入れて混ぜる。

6

4の紙コップに**5**のワックスを注いで混ぜる。

シーティング (p.24)

7
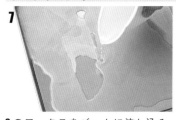
6のワックスをバットに流し込み、ワックスシートを作る。
POINT バットにはオイルを塗っておく(p.25)。

8

ワックスを流したところ。

9

ワックスシートが羊羹くらいの硬さになったら、カッターでバットの5〜7mm内側の4辺を切る。

10

さらに1つの角を丸く切る。
POINT ブーケの包みの上部になる。

11

切り取った周りのワックスを竹串などで取る。

12

さらにワックスシートを手でバットからゆっくりとはがす。

ワックスシートに模様をつける

13

ワックスシートの表側に押し型を当てて模様をつける。

14

裏返し、同様に押し型を当てて模様をつける。

15

10で丸く切った部分を指で持ち、つぶすようにして薄くのばし、ひらひらとしたニュアンスをつける。

ワックスシートで花束を包む

16

3の花束を**15**のワックスシートの中央に置く。
POINT **15**でニュアンスをつけた部分が上部にくるように花束を置く。

そのままワックスシートの左側から花束をくるむ。

ワックスシートの右側を外側にふんわり折り返したら、そのまま花束を包む。

19

指でワックスシートの上部のふちを外側にふんわり折り返す。

20

下の方は両手で少しひねるようにして細くする。

仕上げ

21

リボンヤーンを束にしてグルーをつけ、ブーケから垂れるように花束のふちにさし込む。

ワックスが固まったら、アクリル絵の具（シルバー）を指にとり、**13**、**14**でつけた模様に色をつける。

23

リボンを蝶々結びにしたら、**20**でひねったあたりにグルーで留める。さらに接着剤で補強して、完成。

ハロウィンキャラクターの
モビール風サシェ

香り ‖ オレンジスイート＋ベンゾイン

秋も終盤のハロウィンの季節、
遊び心のある小さな壁掛けサシェで
気分もグンと高まります。
ハロウィンの定番カラー、
オレンジ、ホワイト、ブラックで
ビビットにまとめて。

how to make → p.110

03

天使がはこぶ
聖書のクリスマスキャンドル

聖書をイメージした本の形のキャンドルです。
クリスマスプレゼントの起源ともいわれる、
乳香（フランキンセンス）と没薬（ミルラ）の香りを入れて、
アロマキャンドルにしても。

how to make → p.112

02 ハロウィンキャラクターのモビール風サシェ （p.108）

材料 （1個分・モチーフのサイズ各縦 4.8 ×横 2.2 ×厚さ 0.7㎝程度）

ワックス	パラフィンワックス［融点 58℃］（38ｇ）（95%）＋マイクロスタイリンワックス ソフト （2ｇ）（5%）……… 40ｇ ※モチーフ1個につきそれぞれ 10ｇの試算。
染料(p.15)	ブラック ホワイト オレンジ ブラウン
花材	❶スターフラワー （オレンジ） ❷アマレリーノ （ブラック）

下準備 (p.16)
• スターフラワー、アマレリーノを 12 ～ 15㎝
　に切りそろえ、ワイヤーで束ねておく。

精油	オレンジスイート＋ベンジイン （9：1）
その他	ワイヤー （適量）、麻ひも （長さ約 50㎝）、細リボン （ブラック、オレンジ／ 幅 0.7㎝×長さ 25㎝）、太リボン （ブラック／幅 2.4㎝×長さ 16㎝と 3㎝）、ア クリル絵の具 （ホワイト、レッド、ブラック）、黒糸 （適量）

道具

基本の道具 （p.20）
• コウモリのクッキー型
　［縦 2.2 ×横 4.8 ×高さ 2㎝］
• ネコのクッキー型
　［縦 3.3 ×横 3.3 ×高さ 2㎝］
• ゴーストのクッキー型
　［縦 3.3 ×横 3.3 ×高さ 2㎝］
• パンプキンのクッキー型
　［縦 3.3 ×横 3.7 ×高さ 2㎝］
• 紙コップ ［S×3 個］

Finished sample
仕上がり見本

写真を仕上がりの参考にして
作ってみましょう。

❶スターフラワー
（オレンジ）

❷アマレリーノ
（ブラック）

作り方

花束に麻ひもをつける

1

花束のつけねに麻ひもを結ぶ。

2
ひと巻きするごとに下からひもを通したら締める。これを繰り返し、ぐるぐ
ると麻ひもを茎の先端に向かって巻いていく。

3

麻ひもを巻き終えたら接着剤で留めて、10㎝くらいにはさみで切る。
POINT 巻き方は違っても上まで巻ければOK。

4

余った麻ひもを指でほどき、輪になるように先を結ぶ。

5 シーティング （p.24）

アルミホイル （10 × 6㎝）でバットを作る （p.24）。
POINT ネコ、コウモリの 2 つを作るのに使うのがこのバット。それ以外のモチーフは各1個ずつをアルミホイル（6 × 6㎝）で同様に作る。

6 ワックスに色をつける （p.14）

紙コップに染料 （ブラック）を削る。

7

ワックスを加熱して溶かし、75 〜 80℃にしたら、**6** の紙コップに 20 g 注いで混ぜる。

シーティング (p.24)

8

7 のワックスを **5** のバットに流し込み、ワックスシートを作る。

9

ワックスが羊羹のくらいの硬さになったら、クッキー型（ネコ、コウモリ）で抜く。

10

余分なワックスをアルミホイルごとむき取る。

糸を通す穴を開ける

11

ネコ、コウモリ形のワックスシートを取り出し、裏についているアルミホイルを取ったら、端に竹串の後ろを使って穴を開ける。
POINT コウモリ形のワックスシートには両羽根に穴を開ける。

モチーフを仕上げる・花束につける

12

つづいて表面にアクリル絵の具で顔を描く。

13

11 で開けた穴に糸を通す。

14

5 〜 **13** と同様にゴースト形は染料（ホワイト）、パンプキン形は染料（オレンジ + ブラウン）で作る。
POINT ワックスの量はそれぞれ 10 g ずつ。染料のオレンジ、ブラウンは 5:1 で混ぜる。

15

4 の花束の先に、**13**、**14** のワックスシートをつける。

仕上げ

16

太リボン（長さ 16㎝）の両はしを中央で合わせるように折りたたむ。その間に細リボン（ブラック、オレンジ）をはさみ、中央を接着剤で留める。

17

接着剤で留めた部分が隠れるように太リボン（3㎝）を巻いて、接着剤で留める。**1** 〜 **3** で巻いた麻ひもに接着剤でつける。

18

完成。

材料 （1個分・縦 14 ×横 18 ×厚さ 3cm）

ワックス	シーティング用 パラフィンワックス［融点 58℃］（675 g）（90%）＋マイクロスタイリンワックス ソフト（75 g）（10%）……… 750 g
	ディッピング用 パラフィンワックス［融点 58℃］（95%）＋ステアリン酸（5%）……… 適宜
	花材の固定用 パラフィンワックス［融点 58℃］（19 g）（95%）＋ステアリン酸（1 g）（5%）……… 20 g
芯	キャンドル芯（LX-8）
染料(p.15)	ブラック
	ホワイト
	ブラウン
花材	❶ヒイラギ（グリーン）
	❷ヒイラギ（ゴールド）
	❸ヒムロスギ
	❹タマラックコーン
	❺松ぼっくり（レッド）
	❻八角
	❼造花（ゴールド、シルバー）
	❽造花（赤い実）

道具

基本の道具(p.20)、厚紙(6 × 10cm)、カッターマット、30cm定規、スティックのり、グルースティック、グルーガン
• 紙コップ［L × 1 個］

下準備 (p.16)
• ヒイラギは葉を 1 枚ずつにする。
• ヒムロスギは 5cmくらいに切る。

その他	デコパージュ紙（エンジェル柄）、細リボン（ゴールド／長さ 15cm）、レースリボン（ゴールド／長さ 36cmと長さ 10cm）、アクリル絵の具（ゴールド）

Finished sample

仕上がり見本

写真を仕上がりの参考にして作ってみましょう。

❼造花（ゴールド、シルバー）
❷ヒイラギ（ゴールド）
❶ヒイラギ（グリーン）
❸ヒムロスギ
❽造花（赤い実）
❺松ぼっくり（レッド）
❹タマラックコーン
❻八角

作り方

シーティング (p.24)

1

アルミホイル（25 × 18cm）で高さ 1.5 cmのバットを 5 枚作る（p.24）。

ワックスに色をつける (p.14)

2

シーティング用のワックスを加熱して溶かし、75～80℃にしたら、染料（ホワイト＋ブラウン）を削って混ぜる。
POINT 染料のホワイト、ブラウンは 5：1 で混ぜる。

3

2 の色つきワックスを紙コップ（L）に 120 g 計量して入れる。
POINT 余ったワックスはビーカーにそのまま残しておく。

シーティング（p.24）

4

1で作ったバット1枚に**3**のワックスを流し込み、ワックスシートを作る。

5

3、**4**を繰り返し、計2枚のバットでワックスシートを作る。

6

ワックスシートが羊羹くらいの硬さになったらカッターマットに置き、それぞれ20×14cmにアルミホイルごと切る。裏のアルミホイルもはがす。

ワックスシートを重ねる

7

取り出した2枚のワックスシートを重ねておく。

シーティング（p.24）

8

ビーカーに残っているワックスを再び加熱して70〜75℃にし、残り3枚のバットに120gずつ流す。

POINT 余ったワックスはビーカーにそのまま残しておく。

9

ワックスシートが羊羹くらいの硬さになったら、**6**と同様にしてワックスシートを3枚作る。

ワックスシートを重ねる

10

9のワックスシート3枚を重ねる。

11

10の左端から1.5cm、上から2cmのところに厚紙の左上の角を合わせ、厚紙にそって3枚まとめてカッターで切り抜く。

12

切り抜いたワックスの下に**7**のワックスシートを重ねる。5枚のワックスシートの大きさに誤差があれば、カッターナイフで切りそろえる。

芯をセットする

13

5枚重ねたワックスシートの右側から上3枚だけをめくり、右端から5cmのところに芯をはさむ。

POINT 芯はワックスシートの上下から1〜1.5cmはみ出るようにはさむ。

ワックスシートを本の形にする

14

13のワックスシートの束を持ち上げ、中央で軽く折り曲げる。

POINT 左右のページを弓なりに曲げると本らしくなる。

15

机の上にキャンドルとして立つようにバランスを整えたら、1枚目の右上を指で折り曲げ、ページがめくれたようなニュアンスをつける。

C
H
A
P
T
E
R
4／イベントに作りたいボタニカルキャンドル＆サシェ

シーティング (p.24)

16

アルミホイル（25 × 20cm）で高さ 1.5 cmのバットを作る（p.24）。

ワックスに色をつける (p.14)

17

ビーカーに残っている色つきワックスを再び加熱して70〜75℃にしたら、染料（ブラウン＋ブラック）を削り入れて混ぜる。**POINT** 染料のブラウン、ブラックは 4：1 で混ぜる。

シーティング (p.24)

18

17 のワックスを 16 のバットに流し込み、ワックスシートを作る。

19

ワックスが羊羹くらいの硬さになったらカッターマットに置き、21 × 14cm にアルミホイルごと切る。裏のアルミホイルもはがす。

ワックスシートで本の表紙を作る

20

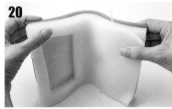

15 で作った本のページの後ろに沿って指で押さえ、くっつける。

芯を切る

21

底からはみ出た芯をはさみで切る。これで土台となるキャンドルは完成。

本に絵柄をつける

22

デコパージュ紙を本の右側のページに合わせて切り、スティックのりで貼る。

ディッピング (p.28)

23

ディッピング用のワックスを加熱して溶かし、85 〜 90℃にする。

24

23 のワックスにキャンドルの右半分をディッピングし、垂れたワックスを指でぬぐう。持ちかえて、左半分も同様にディッピングする。

レースリボン、花材をつける

25

レースリボン（長さ 36 cm）をキャンドルのくりぬいた部分の周りにグルーでつける。

26

ヒイラギ（ゴールド、グリーン）を、くりぬいた部分の上部にグルーで 1 枚ずつつける。

27

つづいてヒイラギの下に造花（ゴールド、シルバー）をつける。

114

28

ヒムロスギをグルーで束にする。

29

花材の固定用のワックスを加熱して溶かし、80 ～ 85℃にする。くりぬいた部分に流し、花材を固定する。

30

ワックスが固まったら、造花（ゴールド）の先端だけはさみで切ったものを、ヒムロスギにグルーでつける。

31

八角をヒムロスギの下側にグルーでつける。つづいてタマラックコーン、造花（赤い実）をグルーでつける。

32

松ぼっくり（レッド）2個をグルーでつけたら、中央にタマラックコーンをつける。

仕上げ

33

細リボンをしおりに見立てて、キャンドルの上部中央にグルーでつける。端を竹串でワックスシートの溝に入れ込む。

34

中央の折り目に沿って、細リボンをグルーで下まで仮留めする。

35

レースリボン（長さ 10㎝）を蝶々結びにして、絵柄のエンジェルの中央にグルーで仮留めする。

36

25、35 でつけたレースリボンを接着剤で補強する。

POINT リボンはグルーだけだとはがれてきやすいので、接着剤で補強する。

37

アクリル絵の具（ゴールド）を竹串にとり、文字（ページ数、Merry Chirstmas）を書く。

38

アクリル絵の具が乾いたら、完成。

ボタニカルキャンドル・サシェ作りに
おすすめの花材集

作品で使っているものはもちろん、ほかにもキャンドルやサシェ作りにおすすめの花材がたくさんあります。花材の組み合わせ方のヒントも交えてご紹介します。

花材の組み合わせ方

花材を組み合わせるときは、「1. メインの花→2. サブの小花①→3. サブの小花②と葉もの→4. アクセントとなるもの」の順に選んでいきましょう。メインの花だけで構成したり、メインの花にサブの小花①だけを組み合わせてみたり、4つすべて組み合わせてみたりと、いろいろ試してみましょう。

1. メインの花

メインに向いているインパクトのある花を、プリザーブドフラワーとドライフラワーのカテゴリー別に集めました。デザインの決め手にしてみましょう。

■ プリザーブドフラワー

フレンチマリアンヌ サイズ：3.5 〜 4.5cm
たくさん重なった丸い花びらがキュート。あまり高さのない花なので、キャンドル、サシェともに使いやすい。

クチナシ
サイズ：5 〜 6cm
高さがあるので使い方は限られるが、大人の雰囲気が魅力。大ぶりの花を生かし、表面につけると引き締まる。

カーネーション
サイズ：約3 〜 6cm
一輪で使うのはもちろん、花びらをちりばめても素敵。サシェであればミニサイズがおすすめ。

ローズ
サイズ：2 〜 3cm、5 〜 6cm
カラーバリエーションが豊富でグラデーション色もある。ゴージャス、エレガントなイメージに。

ジニア
サイズ：3.5 〜 5cm
かわいい元気なイメージにぴったり。花は平たい形をしているので、いろいろな技法でアレンジできる。

■ ドライフラワー

ヘリクリサム サイズ：2.5 〜 3cm
華やかで存在感がある。花びらは硬く丈夫で扱いやすい人気の花。茎や葉がついたものも売られている。

ローズ
サイズ：1 〜 3cm
アンティークな雰囲気を出したいときに。花がこわれやすいので、ディッピング（p.28）で下処理を。

ニゲラオリエンタリス
サイズ：2 〜 4cm
ラッパ形の個性的な花。ピンク、ブルー、ホワイト、グリーンなど色も豊富。

シルバーデイジー
サイズ：3 〜 4cm
柔らかいふさふさの花びらながら、とても丈夫なのでキャンドルの中に入れ込むのに適している。

ケイトウヘッド
サイズ：3 〜 6cm
深みのある色と形のおもしろさで存在感は抜群。アジサイを脇役に添えても相性がよい。

2. サブの小花①

サブとしてメインの花と組み合わせたり、逆にメインとして使い、アジサイや
サブの小花②と合わせてもシンプルにまとまります。万能に活躍する小花たちです。

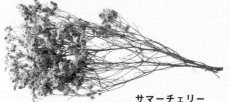

サマーチェリー
サイズ：30cm
ピンクの可憐な花がたくさんついた、ド
ライフラワーで人気の花。散りやすいの
で必ずディッピング（p.28）を。

アンモビューム
サイズ：40cm
素朴な印象の可憐な花。花は大小まばら
に入っているので組み合わせて束にして
もかわいい。ほかにも白がある。

ミモザ
サイズ：50cm
女性に人気の春を代表する花。花は比較
的丈夫だが、葉が取れやすいので必ず
ディッピング（p.28）を。

デルフィニューム
サイズ：50cm
フリルのような花びらが華やかな印象。散
りやすいので必ずディッピング（p.28）を。
散った花びらだけを使うのも素敵。

3. サブの小花②と葉もの

主役を上手にサポートしてくれる名脇役の小花と葉ものを集めました。
小花は色数も豊富にそろっているものが多く、何色か手元にあると重宝します。

クリスパム
サイズ：30cm
小さな花がたくさんついてい
て、ふわふわの綿のようにボ
リューミー。色数も豊富。

タタリカ
サイズ：30cm
ラッパ形の花がたくさんつい
た花。ドライ同士で素朴にも、
プリザーブドフラワーと合わ
せてエレガントにも。

モリソニア
サイズ：40cm
カスミソウより少し大きめの
花粒。柔らかい茎をしている
ので、アレンジしやすい。

カスミソウ
サイズ：40cm
開花したタイプとつぼみのタイ
プがある。色数も豊富で金や銀
にスプレーされたものも。

オレガノ・サンタクルーズ
サイズ：40cm
紫の小さなつぼみが可憐な花。落ち着いた葉の色と紫とが大人の上品さを演出してくれる。

ティートリー
サイズ：50cm
小さい花ながらビビットな発色で存在感は抜群。同じようなビビットカラーのメインの花に合わせてもうまくまとまる。

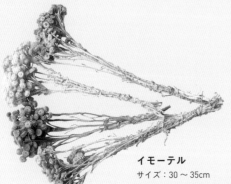

イモーテル
サイズ：30 ～ 35cm
1つの枝から複数の花の枝がのびている。ブーケのようにまとまりで使っても、ヘッドだけを作品にちりばめてもかわいい。

ライスフラワー
サイズ：40cm
ビビットな色のつぼみが小さな実のようにも見える花。全体的に柔らかいので扱いやすい。

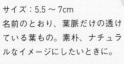

スケルトンリーフ
サイズ：5.5 ～ 7cm
名前のとおり、葉脈だけの透けている葉もの。素朴、ナチュラルなイメージにしたいときに。

ピトスポラム
サイズ：50cm
葉や茎が柔らかく、扱いやすい。ブーケのように束ねたり、しならせたり、若々しいイメージにしたいときにおすすめ。

ロータス・プリムストーン
サイズ：25cm
柔らかくしっとりした葉が扱いやすい。ナチュラルなイメージにしたいときに重宝する。

4. アクセントとなるもの

主役を引き立てたり、アクセントとして変化をつけるのに一役買ってくれます。
また、季節感を強く出したいときにも使ってみてください。

■ 実もの

大ぶりなものから小さな粒が集まったものまで種類は豊富です。温かくほっこりしたイメージに仕上げたいときに。

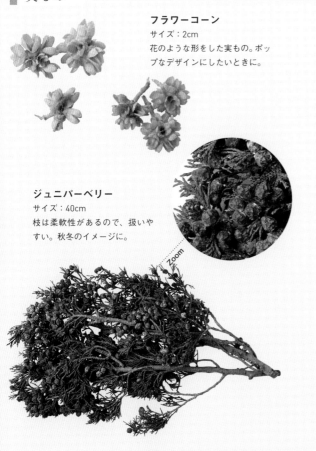

フラワーコーン
サイズ：2cm
花のような形をした実もの。ポップなデザインにしたいときに。

インディアンコーン
サイズ：60cm
小さな実のついた房が重なり合っている。合わせやすく、あると便利。

ジュニパーベリー
サイズ：40cm
枝は柔軟性があるので、扱いやすい。秋冬のイメージに。

Zoom

トータムフィーメイル
サイズ：30cm
先に松ぼっくりがついたような形の植物。スタイリッシュなデザインに。

Zoom

■ その他

植物ではありませんが、アクセントにおすすめです。花材と合わせて、個性的なデザインのボタニカル作品に。

フェザー
ふわふわの羽根は、優しい印象やエレガントな印象にしたいときにプラスすると
○。グルーをつけにくいので慎重に。

造花
本物と見紛うクオリティのものもある。上手にプリザーブドフラワーと組み合わせると、より華やかな印象に。

シェル
夏をイメージしたデザインなら、シェルを使った作品も素敵。平らな面が少ないので、グルーをしっかりつけて固定を。

119

精油の種類と選び方

サシェ作りに欠かせない精油。もちろんキャンドルに入れてアロマキャンドルにしてもよいでしょう。代表的な精油を、効能とおすすめの場所に分けて紹介します。

リラックスしたいとき

Relax

鎮静効果のある香りなら、心が落ち着かないときにスッと気持ちを和らげてくれるはず。
日々の暮らしでストレスを感じたときに取り入れてみてください。

おすすめエリア ベッドルーム、リビング、バスルーム（脱衣所）など

カモミール
[❀ フローラル系]

青リンゴのような甘酸っぱい香りで、年齢や性別を問わず人気の高い精油です。逆境に負けずに育つ植物で、高ぶった精神を落ち着かせてくれます。

イランイラン
[☀ オリエンタル系]

温かく情熱的、官能的な香りです。マレー語で「花の中の花」を意味し、不安や緊張を和らげてくれます。解放感を味わいたいときにもおすすめです。

ラベンダー
[❀ フローラル系]

洗練された甘く透明感のある香りです。ストレスによる緊張感をほぐしてくれるだけでなく、「洗う」という意味の学名のとおり、清潔にしたいところへの活用度の高い精油です。

ローズウッド
[🌿 樹木系]

ローズのような香りがあり、ボアドローズとも呼ばれます。軽やかな甘さが特徴で、心地よい安心感をもたらしてくれます。ローズよりも安価なのもうれしいところ。

©123rf.com

サンダルウッド
[☀ オリエンタル系]

お香として親しまれ、ぬくもりと甘みのある香りです。緊張が抜けないときや迷いが多いときに使うと心を落ち着かせてくれます。

クラリセージ
[🌿 ハーブ系]

気が張って眠れないなど、緊張からくる心身のこわばりをほぐしてくれる精油です。幸福感をもたらしてくれるとされる、甘いナッツのような香りです。

集中力を高めたいとき

眠気が襲ってきたり、気分が乗らなかったりと、仕事や勉強がはかどらないときに。
柑橘系やハーブ系の精油は頭をクリアにしてくれる効果が期待できます。

おすすめエリア ▶ デスク周り、オフィスなど

ローズマリー
[ハーブ系]

ハーブ系に共通する、清々しい香りです。心と体を活性化して、頭をすっきりとさせてくれます。血行促進にも効果が期待できます。

ペパーミント
[ハーブ系]

前向きな気持ちにさせてくれる、さわやかで甘いミントの香りです。中枢神経を刺激する香りは、集中力ややる気が低下したときに役立ちます。朝すっきり目覚めたいときにも○。

レモングラス
[柑橘系]

レモンに似た、清涼感のある香り。精神的な疲労回復に効果的で、単調な作業で発生する飽きを改善してくれたりします。虫よけにも使える精油です。

ユーカリ
[樹木系]

さわやかで力強い、頭に抜けるような香り。頭を使いすぎてフワフワするときの気分転換にも効果的です。鼻づまりを緩和する作用もあります。

気分をリフレッシュしたいとき

疲れがとれない、気持ちがスッキリしない、気分が切り替わらないときなどに。
リフレッシュ効果の高い精油で元気をチャージしてみましょう。

おすすめエリア ▶ 玄関、クローゼットなど

ゼラニウム
[フローラル系]

バラとミントを混ぜたような、甘美で優雅な香りです。ストレスなどで崩れた心身のバランスを整えたいときに、気持ちを明るくしてくれます。女性特有の不調にも効果的です。

シダーウッド
[樹木系]

樹木系特有の甘さとスパイシーさが交差する神秘的な香りです。別名「アトラスシダー」と呼ばれ、神聖な樹木とされてきました。静かに瞑想したいときにおすすめです。

ティートリー
[樹木系]

抜けるようなさわやかさのある香りです。オーストラリアでは家庭の万能薬として常備され、身体や空間を清潔に保つ働きがあります。気持ちを外に向けて活性化してくれます。

フランキンセンス
[樹脂系]

古くから瞑想に使われてきた香りです。ウッディーな香りのなかにかすかに柑橘系の香りが漂います。慌ただしい日常からいったん自分を切り離し、気持ちを落ちつかせてくれます。

121

平山りえのボタニカルの世界

ここでは、本編で掲載しきれなかった作品のアレンジテクニックを紹介します。
どれも Chapter2 と Chapter3 の作品のアレンジですので、
デザインの参考にしてみてください。

3色のホイップサシェと 花びらのしおり風サシェ

写真上中央のサシェは p.79「ふかふかお月さまのホイップサシェ」のアレンジです。花材とワックスを寒色系でまとめ、甘すぎない雰囲気に。また、そのほかのサシェは、ネームプレートのシリコーンモールドを使ってしおり風に仕上げました。色とりどりの紫陽花の花びらをちりばめて華やかに。

大輪のローズを贅沢にあしらった
ロマンティックキャンドル

p.53「シルバーデイジーのゴージャスキャンドル」
と同じ作り方で、花材の主役を直径5cmの大輪の
ローズにチェンジ。斜めに配置したローズの間に
は、同系色のアジサイを詰めました。ローズに合わ
せて大きなモールドを使っているので、存在感は抜
群です。ロマンティックな雰囲気は、ウェディング
パーティーや贈り物にも素敵です。

押し花のレトロなキャンドルと
お昼寝する猫のサシェ

写真左のキャンドルは、p.52「紫陽花のラン
タン風キャンドル」と同じ作り方。側面に飾
る花材を押し花にして、レトロ感漂う可憐な
キャンドルにしました。写真右のサシェは猫
の置き物から型をとったシリコーンモールド
で制作したもの。グルーで落ち葉のベッドを
作って、猫を寝かせてあげましょう。

大人かわいいフレームサシェと
フラワーポットキャンドル

写真右のサシェは、フォトフレームから型をとった
シリコーンモールドで作ったもの。アートとして壁
に飾ったり、ドアプレートとして玄関に飾ったりす
れば、インテリアのアクセントにもなります。写真
左のキャンドルは、p.32「さわやかグラスゼリーキャ
ンドル」のアレンジ。注ぎ口の先まで花をつけてこ
ぼれそうな演出にしました。

まだまだ聞きたいことがたくさん！

キャンドル・サシェ作り Q&A

いざ作ってみると、「あれ？」「どうして？」という疑問が出てくると思います。
ここでは、教室でもよく質問されることを Q&A でまとめてみました。
失敗しても大丈夫！　何度もチャレンジしてみてください。

Q

**固まるまで
どのくらいかかりますか？** ──────

A

一概には言えません。ワックスを注いだ温度、量、融点、気温、これらの条件が違えば、固まるまでの時間は大きく変わってきます。データとして出すには、かなりの実験が必要になるため、何度か作っていくなかで感覚をつかんでいきましょう。

**ブレンドされたワックスが
売られていますが、
それを使ってもよいでしょうか？** ──────

自分の作りたいキャンドルに適した配合であれば使えます。適した配合かどうかは、販売元や販売サイトで確認してから購入しましょう。

**グラスは耐熱でなくても
よいですか？** ──────

ガラスは急激な温度変化では割れますが、本来、熱には強い素材です。キャンドルを飾る器として使用したり、溶けたワックスを流し込むという点では耐熱でなくても使えます。

**ワックスを熱すると
パチパチと音がするのはなぜですか？** ──

なんらかの水分が入った可能性があります。そのまま使うこともできますが、簡単に水を取り除くことはできません。あまりにはねるようなら使わないほうがよいでしょう。

**型から抜けないけど、
どうしたらいいですか？** ──────

芯を引っ張って出すタイプの型からスムーズに出すためには、ワックスが完全に温度が下がって収縮していることが大事です（→ p.11「ワックス・添加材の膨張と収縮について」参照）。しっかりと固まって温度が下がっていることを確認してください。どうしても抜けない場合は、水で冷やしてください。

124

Q

染料が溶け残ってしまいますが、
対処法はありますか？————————

A

染料を溶かすワックスの温度が低い場合と、染料の粒子が溶けづらい場合があります。前者は温度管理を守りましょう。後者の場合、混ぜ棒や割り箸の先で染料をつぶして溶かすなどの方法で対処します。

モールドから漏れてしまいました。
なぜでしょう。————————————

温度が高すぎたか、芯の穴をきちんとふさぎきれていなかったようです。温度を上げすぎた場合は、モールドに注ぐ前に適切な温度になるまで冷ましましょう。

置く場所で
気をつけたほうがいいところは
ありますか？————————

直射日光を避けての保管やディスプレイを心がけましょう。直射日光は退色や変色を早める原因になりますし、夏場であればキャンドルの形が変わってしまうこともあります。

ゼリーワックスが
曇ってしまったのですが
なぜでしょう。————————————

ほかのワックスが混入したか、染料を入れすぎたことが考えられます。ゼリーワックスを使用する場合は、使う鍋にほかのワックスがついていないか確認を。色は濃すぎない色を心がけましょう。

モールディング (p.22) で、
キャンドルの表面が
がさがさになりました。
なぜでしょう。————————————

デザインとしてそうする場合もありますが、予期せずそうなってしまった場合は温度管理を見直してください。表面をきれいに仕上げるには、75℃以上の温度が必要です。紙コップで染料を溶かす方法では、染料の量を調整しているうちに時間がたって、温度が下がってしまうということもありますので、注意してください。

おわりに

可憐な姿で人の心を癒したり励ましたりしてくれる花。
花に触れ、どれを合わせようかと悩む時間は、ボタニ
カル作品を作るときの、とても幸せな時間です。
そして、ワックスという変貌自在な素材を組み合わせる
ことによって、演出方法や造形の面白さに夢中になって
しまいます。

新しいアイデアをカタチにするときに大切にしたいの
は、体験から得た知識です。
例えば、美術館に行ったり、作家さんの個展に行ったり、
旅行に行ったり、そうしたことから多くのインスピレー
ションが湧いてきます。

芸術が分からなくてもいいのです。まずは好きか嫌いか
を感じてみて、次になぜ好き（嫌い）なのか、自分の心
に問いかけていきます。
その「好き」と「嫌い」の理由を自分の中でクリアにし
ていく作業が、言い換えれば「センスを磨く」というこ
とだと思います。

そうやって突き詰めていった先に、あなたのオリジナリ
ティが生まれます。
この本を通して、私の知識や感性がたくさんの方の参考
になることを願っています。

平山りえ

著者略歴

平山りえ

大原美術館ミュージアムショップの商品として、モネの「睡蓮」を模したキャンドル製作をきっかけに、数々の技法を生み出し、岡山と東京にスクールを開く。蠟の一般的な概念を覆す表現技法で、空間アートやインスタレーションを行うクリエイターでもあり、個展では日本文学や人間の心の葛藤をテーマに作品を手掛ける。上野の森美術館での「立体浮世絵展」では、北斎の浮世絵をテーマにワックスアートを展示。近年では、異素材にも着目し、アロマストーンやハーバリウムのオリジナル技法を考案。著書に『はじめての手作りアロマストーン』『ハーバリウムづくりの教科書』（ともに世界文化社）がある。

STAFF

カバー撮影	横田裕美子（STUDIO BAN BAN）
作品撮影	北村勇祐
	横田裕美子（STUDIO BAN BAN）
スタイリング	片山愛沙子、三好史夏（ロビタ社）
デザイン	みうらしゅう子
編集	三好史夏（ロビタ社）
	丸山亮平（百日）
Special Thanks	平山舜大
	河原剛
	鈴置修一郎

資材協力

［シリコンモールド］

エバーガーデン
https://www.rakuten.co.jp/evergarden/
077-507-3489
シリコンモールドの専門店。かわいいものからユニークなものまで幅広いデザインを取り扱う。

［ワックス・モールドなど］

candle shop kinari
http://www.kinarishop.com/
052-253-5868
実店舗のほか、オリジナル製品や国内外から豊富に取り揃えたキャンドル材料のwebサイトもあり。

国光産業株式会社 キャンドルのある暮らし
https://life-candle.com
0943-30-3550
昭和5年創業、九州最大のロウソクメーカー。全国のキャンドルアーティストのサポート活動を行う。

はじめてでも作れる
おしゃれな手作り
ボタニカルキャンドル＆サシェ

2020年10月8日 初版発行

著 者	平山りえ
発行者	鈴木伸也
発 行	株式会社大泉書店
住 所	〒101-0048
	東京都千代田区神田司町2-9
	セントラル千代田4F
電 話	03-5577-4290（代）
F A X	03-5577-4296
振 替	00140-7-1742
印刷・製本	株式会社シナノ

©Oizumishoten 2020 Printed in Japan
URL http://www.oizumishoten.co.jp/
ISBN 978-4-278-05454-5 C0076